高等学校电子技术类"十三五"规划教材

西安电子科技大学教学质量提升计划系列教材

单片机原理与应用技术

——STC12系列Keil C工程实验

代少玉　吴兴林　编著

西安电子科技大学出版社

内 容 简 介

　　本书主要内容包括：基础模拟电路的分析与设计、数字电路的设计、Keil C 语言的基础语法、产品原理图的设计和 PCB 制作、单片机的硬件程序开发、PC 机端的应用程序开发。作为电子设计入门教材，本书从单片机实际项目要求出发，介绍了 STC12C5A60S2 系列 51 单片机，涉及实际项目开发中的所有环节，让学习者能够开发出 demo(演示)级别的电子产品，能直接进入单片机应用项目实战环节。

　　本书内容丰富，代码完整，实用性强。具体内容安排采用循序渐进的方式，力求做到从零基础开始学习。本书可作为高等院校电子信息类专业单片机课程入门教材，也可作为毕业设计、电子设计竞赛等的参考书，还可作为成人教育、电视大学、函授大学等的单片机开发实践课教材。

图书在版编目(CIP)数据

单片机原理与应用技术：STC12 系列 Keil C 工程实验/代少玉，吴兴林编著.

—西安：西安电子科技大学出版社，2017.10(2019.2 重印)

高等学校电子技术类"十三五"规划教材

ISBN 978-7-5606-4684-8

Ⅰ. ① 单…　Ⅱ. ① 代…　② 吴…　Ⅲ. ① 单片微型计算机—教材　Ⅳ. ① TP368.1

中国版本图书馆 CIP 数据核字(2017)第 224256 号

策划编辑　李惠萍
责任编辑　张　玮
出版发行　西安电子科技大学出版社(西安市太白南路 2 号)
电　　话　(029)88242885　88201467　　　　邮　　编　710071
网　　址　www.xduph.com　　　　　　　　　电子邮箱　xdupfxb001@163.com
经　　销　新华书店
印刷单位　陕西天意印务有限责任公司
版　　次　2017 年 10 月第 1 版　　2019 年 2 月第 2 次印刷
开　　本　787 毫米×1092 毫米　1/16　印 张　14.5
字　　数　341 千字
印　　数　1001～3000 册
定　　价　32.00 元

ISBN 978－7－5606－4684－8/TP

XDUP 4976001－2

如有印装问题可调换

前　言

目前单片机与 C 语言的本科实验教材大多只是对单片机原理和 C 语言编程实现进行讲解，尽管有的还有配套视频，却没有按产品开发所需的技能进行培训。对于一个真实的单片机开发项目而言，要求的不仅是对单片机原理的学习和编程实现，还必须有产品、有实物，是一个完整的系统级的产品。

本书是西安电子科技大学本科教学质量提升计划的系列教材，从本科增强型 STC12 系列单片机的实际教学和实验中总结而出，定稿前已经过几届学生的使用。作者在广泛听取教师和学生的使用意见的基础上，对原有资料进行了大量的修改、完善。本书内容分 14 章，第 1 章为模拟电路基础，介绍了晶体管和场效应管开关的应用方法，常用运算放大器的基本使用方法以及数字电路中逻辑电平的定义。第 2 章为 Keil C51 程序设计基础，介绍了 Keil C51 的语法和常见的句式结构。第 3 章为 STC12 系列单片机存储器，主要介绍了 STC12C5A60S2 系列单片机的引脚、外设、存储器以及特殊功能寄存器。第 4 章为时钟、复位和低功耗，主要介绍了 STC12 增强型单片机的时钟源的使用，列出了单片机复位启动的种类以及低功耗的模式。第 5 章为单片机开发环境的搭建，主要介绍了在 Windows 平台下搭建 STC12 单片机开发软件的安装与使用，其中包括 Keil C IDE 的安装、USB 转串口的使用以及 HEX 文件下载至单片机的方法。第 6 章为单片机的输入/输出，主要介绍了与 I/O 有关的特殊功能寄存器以及管脚模式的分类与配置，给出了 5 V 与 3 V 混合互连的方法和双向电平转换电路，最后列出了数码管显示的完整代码。第 7 章为中断系统与外部中断，首先介绍了单片机的中断系统与结构，然后给出了外部中断 0 和外部中断 1 的程序实例。第 8 章为定时器/计数器，给出了单片机内部定时器/计数器的工作模式和初始值的计数，介绍了定时器溢出的查询方法和中断方法的应用程序。第 9 章为串口通信，主要介绍了串口的工作方式和波特率的计算方法。第 10 章为 PCA 与 PWM，首先给出了与之有关的寄存器，然后介绍了 4 种工作模式的寄存器配置方法并给出了相应的程序例程。第 11 章为模/数转换与数/模转换，首先介绍了 ADC 与 DAC 转换的主要参数以及各自的原理与方法，接着介绍了 STC12 系列单片机内部自带 ADC 的相关寄存器与使用方法。第 12 章为 I^2C 总线协议与 24WC02，主要介绍了 I^2C 协议的时序与掉电存储 24WC02 的使用方法，接着介绍了 STC12 系列单片机内部自带的数据 Flash 即 E^2PROM 的相关寄存器与使用方法。第 13 章为 Altium Designer 软件的使用，介绍了原理图、原理图库和 PCB 的生成，以及 PCB 库文件的新建与使用方法，完成了单片机最小系统板的制作，并简单介绍了常用封装名称和尺寸。第 14 章为利用 VC#开发串口助手，主要介绍了利用 Visual C# 开发 Windows 程序的方法，以串口调试助手为实例，给出了跨线程更改控件的方法。

　　本书主要由代少玉、吴兴林、宗靖国编写完成。在本书的编写过程中得到了物理实验中心全体教师、兄弟院校和芯片厂商的支持，在此表示衷心的感谢。另外，本书有些内容也参考了互联网的帖子，在此对发帖人的无私奉献表示衷心感谢。

　　实验教学的探索是永无止境的长期任务，加之由于编写时间仓促，编者业务水平有限，书中介绍的新方法、新观点难免有不妥之处，恳请同行及广大读者提出宝贵意见。

代少玉、吴兴林、宗靖国

2017 年 7 月

目　录

第 1 章　模拟电路基础

1.1　三极管简述

三极管是电流放大器件，有三个极，分别叫做集电极 c、基极 b 和发射极 e，如图 1.1(a) 所示。三极管有两种类型，分别为 NPN(如三极管 9013)和 PNP(如三极管 9012)。我们仅以 NPN 三极管的共发射极放大电路为例来说明三极管放大电路的基本原理，如图 1.1(b)所示。

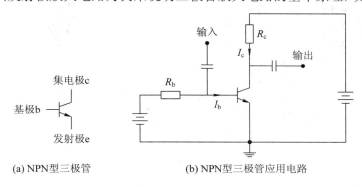

(a) NPN型三极管　　　　　　(b) NPN型三极管应用电路

图 1.1　NPN 三极管与应用电路

1.1.1　电流放大

下面仅对 NPN 型硅三极管进行分析。如图 1.1(b)所示，从基极 b 流入三极管的电流叫做基极电流 I_b，从集电极流入的电流叫做集电极电流 I_c。这两个电流的方向都是流出发射极的，所以发射极 e 上就用了一个箭头来表示电流的方向。三极管的放大作用是：集电极电流受基极电流的控制(假设电源能够提供给集电极足够大的电流)，基极电流很小的变化，会引起集电极电流很大的变化且变化满足一定的比例关系。集电极电流的变化量是基极电流变化量的 β 倍，即电流变化被放大了 β 倍，所以我们把 β 叫做三极管的放大倍数(β 一般远大于 1，例如几十、几百)。如果我们将一个变化的小信号加到基极跟发射极之间，就会引起基极电流 I_b 的变化，I_b 的变化被放大后，导致 I_c 发生很大的变化。如果集电极电流 I_c 是流过一个电阻 R_c 的，那么根据电压计算公式 $\Delta U = R_c \times I$ 可以算得该电阻上的电压将发生很大的变化。这个电阻上的电压就是放大后的交流电压信号。

1.1.2　开关作用

三极管除了可以做交流信号放大器之外，还可以做开关之用。随着集成芯片技术的提

高，三极管应用于放大器的场合逐渐变得不灵活不便捷，目前常在可控开关中使用。S9012
和 S9013 型三极管常用于 500 mA 以内的开关。这两种三极管采用 SOT-23 贴片封装和 TO-92
直插封装。不同封装的管脚名称与序号也不同，如图 1.2 所示。

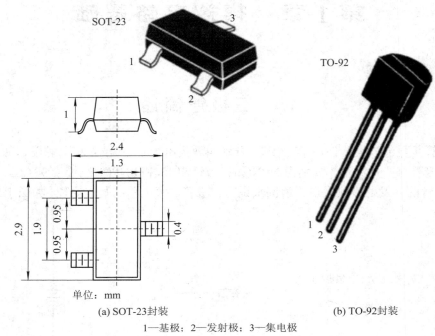

(a) SOT-23封装　　　　　　　　　　　(b) TO-92封装

1—基极；2—发射极；3—集电极

图 1.2　封装与管脚名称

1.1.3　开关应用电路与分析

三极管的开关应用电路如图 1.3 所示。

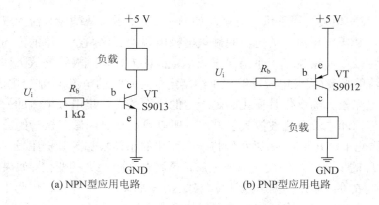

(a) NPN型应用电路　　　　　　　　　　(b) PNP型应用电路

图 1.3　三极管的开关电路

在图 1.3 所示的两个应用电路中，ce 极之间是否导通由 b 极的高低电平决定。那么 b
极是高电平还是低电平才能使 ce 极导通呢？三极管中按箭头方向有正向压差，ce 之间就导通。因此 NPN 型 9013 三极管基极 U_i 为高电平时 ce 极导通。PNP 型三极管基极的 U_i 为低电平时 ce 极导通。三极管做开关使用时，应使其进入饱和区，即 I_b 的电流配置得比较大。先讨论 9013 管在 5 V 工作电压情况时的电特性。三极管属于电流控制电流的器件，即 I_b 控制 I_c，$I_c = \beta I_b$，β 值会随着 I_b 的增加而从 50 减小至约 20，进而使得三极管进入饱和区。在 9013 管应用电路中，若 $U_i = 0$ V，则 $I_b = 0$，因此 $I_c = 0$，无电流流过，三极管断开；若 $U_i = 5$ V，则 $I_b = (5-0.7)/1 = 4.3$ mA，此时 I_c 电流至少约 80 mA，三极管进入饱和区，U_{ce} 压降很小，即三极管导通。同理，在 9012 管应用电路中，$U_i = 0$ 时，三极管导通，I_c 与 I_b 之间具有相互钳制的作用，负载限制了 I_c 的大小，因此 U_i 端可以省略限流电阻，但最好加 50～100 Ω 的限流电阻。在应用时，9013 管基极的 U_i 应有提供 mA 级电流的能力。在工作电压为 5 V 的系统中，当 9012 管基极的 $U_i = 3.3$ V 时，由于 eb 之间有正向电压，因此三极管仍然无法关断。

1.2　MOS 管简述

1.2.1　MOS 管的开关应用

MOSFET 管是 FET(场效应管)的一种(另一种是 JFET，即结型场效应管)，可以被制造成增强型管或耗尽型管，P 沟道管或 N 沟道管，共 4 种类型，但实际应用的只有增强型的 N 沟道 MOS 管和增强型的 P 沟道 MOS 管，所以通常提到 NMOS 或者 PMOS 指的就是这两种 MOS 管。MOS 管由电压驱动，按理说只要栅极 G 与源极 S 的电压差达到开启电压，DS 极之间就能导通，并产生一个导通电阻 R_{DS}，这就相当于栅极电压的大小决定了 DS 极之间的电阻。虽然 MOS 管栅极上串接多大电阻，DS 极之间均能导通，但如果要求开关频率较高，则栅极与地或电源正端之间可以看做是一个电容。该电容所串接的电阻阻值越大，栅极达到导通电压的时间就越长，MOS 管处于半导通状态的时间也就越长。在半导通状态下 MOS 管的内阻较大，发热也较多，容易损坏管子，所以高频时栅极串接的电阻阻值不仅要小，而且还要加前置驱动电路以增加电流，提高充电速度。图 1.4 给出了 MOS 管开关电路。

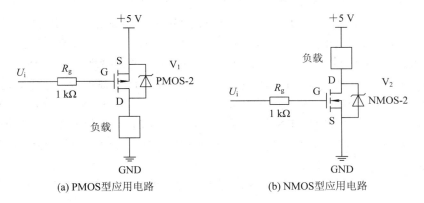

(a) PMOS型应用电路　　　　　　　　　(b) NMOS型应用电路

图 1.4　MOS 管的开关电路

如何区分 V_1、V_2 的源极 S、漏极 D 和栅极 G？栅极最好识别，即中间的那一极。不管是 N 沟道还是 P 沟道，两根线交叉在一起的就是 S 极，另外一个单独的就是 D 极。那如何确定是 N 沟道还是 P 沟道呢？MOS 管中间的虚线可以认为就是沟道，箭头指向 G 极的是 N 沟道，背向 G 极的是 P 沟道，因此图 1.4 中的 V_1 为 P 沟道，V_2 为 N 沟道。DS 极之间有一个寄生二极管。如果电路中寄生二极管没有画出，那么实际中怎么判断二极管的方向呢？知道了二极管的方向后，MOS 管开关的入端就是二极管的负极，出端就是二极管的正极，否则就无法关断。不论是 P 沟道还是 N 沟道，中间衬底箭头方向总是和二极管的方向一致，见图 1.5。

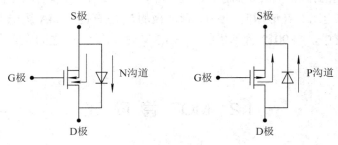

图 1.5   寄生二极管方向的判断

因此当 MOS 管用作开关时，NMOS 管的 D 极接输入，S 极接输出；PMOS 管的 S 极接输入，D 极接输出。电流的流向如图 1.6 中箭头所示。

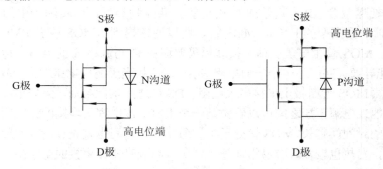

图 1.6   MOS 管开关连接方法

前面解决了 MOS 的接法问题，接下来讨论 MOS 管的导通与关断时的条件。不管是 N 沟道还是 P 沟道的 MOS 管，均需将 G 极电压与 S 极电压进行比较。对于 N 沟道 MOS 管，$U_G > U_S$ 时，MOS 管导通。因此 NMOS 在应用时，S 极接地。对于 P 沟道 MOS 管，$U_G < U_S$ 时，MOS 管导通。因此 PMOS 管在应用时，S 极接电源正极。为简单记忆，PMOS 管中的 P 可理解为 Positive，即需要有电源正极，NMOS 管中的 N 可理解为 Negative，即需要有电源负极。$U_G = U_S$ 时，DS 间的电阻 $R_{DS} = \infty$。若 R_{DS} 达到 1 Ω 以下，则认为 MOS 管导通。U_G 与 U_S 相差多少时 MOS 管才会饱和导通呢？这取决于 MOS 管压差门限值 $U_{GS(th)}$，且不同的 MOS 管需要的 $U_{GS(th)}$ 不同。现给出 BSN20 管的 U_{GS} 与 R_{DS} 之间的变化关系，如图 1.7 所示。U_{GS} 压差越大，R_{DS} 越小，有些大电流型的 MOS 管导通电阻 R_{DS} 仅约 10 mΩ。

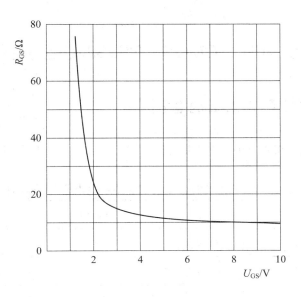

图 1.7　R_{DS} 与 U_{GS} 的变化关系

1.2.2　MOS 管的防反接保护电路

通常情况下直流电源利用二极管的单向导电性可实现防反接保护，如图 1.8 所示。这种连接方法简单可靠，但压降较大，肖特基管的平均压降在 0.5 V 左右，在大电流系统中的功耗比较大。

利用 MOS 管的开关特性来控制电路的导通和断开，可用于设计防反接保护电路。由于功率 MOS 管的导通电阻很小，已经能达到毫欧级，解决了现有采用二极管电源防反接方案存在的压降和功耗过

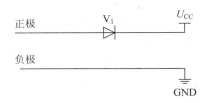

图 1.8　二极管串联保护

大的问题。对于 NMOS 管，将其串联在防反接保护电路电源负极，如图 1.9 所示；对于 PMOS 管，将其串联在防反接保护电路的正极，如图 1.10 所示。寄生二极管的电流方向为工作时的电流流向。

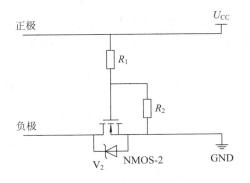

图 1.9　NMOS 防反接保护应用

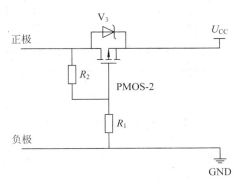

图 1.10　PMOS 防反接保护应用

1.3 TTL、CMOS、RS232 的电平区别

1.3.1 TTL、CMOS 和 RS232 的电平标准

TTL、CMOS 与 RS232 的电平标准与输入输出的电平要求如表 1.1 所示，U_{CC} 为芯片工作电压。

表 1.1 TTL、CMOS 与 RS232 的电平标准对比

	TTL	CMOS	RS232
输入 0 最大电压	0.8 V	$0.3U_{CC}$	3～15 V
输入 1 最小电压	2.0 V	$0.7U_{CC}$	−3～−15 V
输出 0 最大电压	0.4 V	$0.1U_{CC}$	3～15 V
输出 1 最小电压	2.4 V	$0.9U_{CC}$	−3～−15 V

TTL 的电平标准定义如下：输出为低电平 U_{OL} 时电压小于 0.4 V，高电平 U_{OH} 时电压大于 2.4 V。输入电平低于 0.8 V 时为低电平 U_{IL}，输入电平大于 2.0 V 时为高电平 U_{IH}。TTL 器件输出低电平应小于 0.8 V(即 $U_{OLmax} = 0.8$ V)，高电平应大于 2.4 V(即 $U_{OHmin} = 2.4$ V)。低于 0.8 V 的输入电压就认为是 0(即 $U_{ILmax} = 1.2$ V)，高于 2.0 V 就认为是 1(即 $U_{ILmin} = 2.0$ V)。

CMOS 的电平标准定义如下：U_{CC} 为芯片工作电压，输出低电平 U_{OL} 时电压小于 $0.1U_{CC}$，输出高电平 U_{OH} 时电压大于 $0.9 U_{CC}$。输入电平若小于 0.3 U_{CC} 则为低电平 U_{IL}，输入电平若大于 0.7 U_{CC} 则为高电平 U_{IH}。如果 CMOS 器件的电源采用 5 V，输入低于 1.5 V 则为低电平；输入高于 3.5 V 则为高电平。

RS232 的电平标准定义如下：逻辑"1"的电平为 −3～ −15 V，逻辑"0"的电平为 +3～+15 V。RS232 用正负电压来表示逻辑状态，与 TTL 以高低电平表示逻辑状态的规定不同。因此，为了能够同计算机接口或终端的 TTL 器件连接，必须在 RS232 与TTL 电路之间进行电平和逻辑关系的变换。实现这种变换的方法可用分立元件，也可用集成电路转换器件。目前使用较为广泛的是集成电路转换器件，如 MC1488、SN75150 芯片可完成TTL 电平到 RS232 电平的转换，而 MC1489、SN75154 可实现RS232 电平到 TTL 电平的转换，MAX3232 芯片可完成 TTL 与 RS232 双向电平转换。

1.3.2 TTL 与 CMOS 混合电平

TTL 电平和 CMOS 电平的区别如下：
(1) 电平的上限和下限定义不同，CMOS 具有更大的抗噪区域。

(2) 电流驱动能力不同，TTL 一般提供微安级的驱动能力，而 CMOS 一般在毫安级左右。

(3) 需要的电流输入大小也不同，一般 TTL 需要 2.5 mA 左右，CMOS 几乎不需要电流输入。

TTL 和 CMOS 相互驱动事项如下：

定义 U_{OHmin} 为逻辑电平"1"时输出最小电压，U_{OLmax} 为逻辑电平"0"时输出的最大电压。U_{IHmin} 为输入逻辑电平"1"所对应的最小电压，U_{ILmax} 为输入逻辑电平"0"所对应的最大电压。对于 TTL 电路，临界值分别为 $U_{\text{OHmin}} = 2.4$ V，$U_{\text{OLmax}} = 0.4$V，$U_{\text{IHmin}} = 2.0$ V，$U_{\text{ILmax}} = 0.8$ V。对于 CMOS 电路，临界值(电源电压为 + 5 V)分别为 $U_{\text{OHmin}} = 4.99$ V，$U_{\text{OLmax}} = 0.01$ V，$U_{\text{IHmin}} = 3.5$ V，$U_{\text{ILmax}} = 1.5$ V。在 5V 系统中，CMOS 电平能驱动 TTL 电平。由于 TTL 输出的高电平最低为 2.4 V 而 CMOS 输入高电平最低需要 3.5 V，因此，TTL 电平通常不能驱动 CMOS 的输入，需加上拉电阻。现在很多器件都可兼容 TTL 和 CMOS，器件的数据手册里面会有说明。在不考虑速度和性能的情况下，TTL 和 CMOS 器件可以互换。

1.4　电压比较器

电压比较器(简称比较器)的功能是比较两个电压的大小，通过输出电压的高低来反映两个输入电压的大小关系。

1.4.1　简单电压比较器

简单电压比较器通常只含有一个运放，而且多数情况下，运放是开环工作的。它只有一个门限电压，所以又称为单限比较器，如图 1.11 所示。定义 U_+ 为正端电压，U_- 为负端电压，$U_+ > U_-$ 时，$U_{\text{o}} = +U_{\text{sat}}$；$U_+ < U_-$ 时，$U_{\text{o}} = -U_{\text{sat}}$；$U_+ = U_-$ 时，$U_{\text{o}} = 0$，其中 U_{sat} 为正饱和电压，一般约为工作电压减去 2 V。

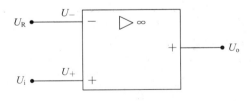

图 1.11　简单电压比较器

简单电压比较器的结构简单，灵敏度高，但抗干扰能力差。当电压比较器只有一个作比较的临界电压时，如果输入端有噪声干扰来回多次穿越临界电压，输出端就会受到干扰，使其正负状态产生不正常转换，如图 1.12 所示。

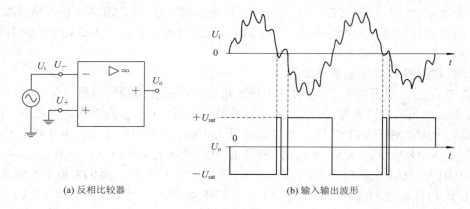

(a) 反相比较器　　　　　　　　　　(b) 输入输出波形

图 1.12　单电压比较器的应用

1.4.2　滞回电压比较器

滞回比较器能克服简单比较器抗干扰能力差的缺点，如图 1.13 所示。滞回比较器有两个电压阈值，可通过电路引入正反馈获得。

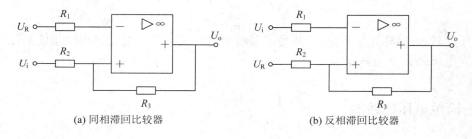

(a) 同相滞回比较器　　　　　　　　　(b) 反相滞回比较器

图 1.13　滞回比较器

根据集成运放的非线性应用特点，同相滞回比较器输出电压发生跳变的临界条件为 $U_+ = U_-$。

$$U_- = U_R \tag{1-1}$$

$$U_+ = \frac{R_2}{R_3 + R_2}U_o + \frac{R_3}{R_3 + R_2}U_i \tag{1-2}$$

当 $U_+ = U_-$ 时，U_i 所对应的阈值为

$$U_{TH} = \left(1 + \frac{R_2}{R_3}\right)U_R - \frac{R_2}{R_3}U_o \tag{1-3}$$

当 $U_o = -U_{sat}$ 时得到上阈值：

$$U_{TH1} = \left(1 + \frac{R_2}{R_3}\right)U_R + \frac{R_2}{R_3}U_{sat} \tag{1-4}$$

当 $U_o = U_{sat}$ 时得到下阈值：

$$U_{\text{TH2}} = \left(1 + \frac{R_2}{R_3}\right)U_{\text{R}} - \frac{R_2}{R_3}U_{\text{sat}} \tag{1-5}$$

假设 U_i 为负电压，此时 $U_+ < U_-$，输出为 $-U_{\text{sat}}$，对应上阈值 U_{TH1}。如果逐渐使 U_i 上升，只要 $U_i < U_{\text{TH1}}$，输出 $U_o = U_{\text{sat}}$ 就不变，直至 $U_i \geqslant U_{\text{TH1}}$ 时，$U_+ \geqslant U_-$，使输出电压由 $-U_{\text{sat}}$ 突然跳至 U_{sat}，对应的阈值为下阈值 U_{TH2}。U_i 再继续上升，$U_+ \geqslant U_-$ 关系不变，所以输出 U_{sat} 不变。U_i 之后再逐渐减小，只要 $U_i > U_{\text{TH2}}$，输出 U_{sat} 就维持不变，直至 $U_i \leqslant U_{\text{TH2}}$ 时，$U_+ \leqslant U_-$，输出再次突变，由 U_{sat} 下跳至 $-U_{\text{sat}}$。同相滞回比较器的传输特性如图 1.14(a)所示。

同样地，可求得反相滞回比较器的阈值电压为

$$U_{\text{TH1}} = \frac{R_3 U_{\text{R}} + R_2 U_{\text{sat}}}{R_2 + R_3} \tag{1-6}$$

$$U_{\text{TH2}} = \frac{R_3 U_{\text{R}} - R_2 U_{\text{sat}}}{R_2 + R_3} \tag{1-7}$$

反相滞回比较器的传输特性如图 1.14(b)所示。

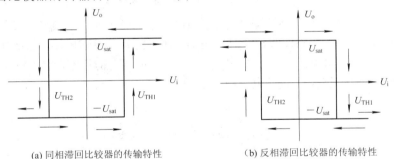

(a) 同相滞回比较器的传输特性　　　　　(b) 反相滞回比较器的传输特性

图 1.14　滞回比较器的传输特性($U_{\text{R}}=0$)

所以只要噪声的大小在两个临界电压(上临界电压及下临界电压)形成的滞后电压范围内，即可避免噪声误触发电路，如图 1.15 所示。

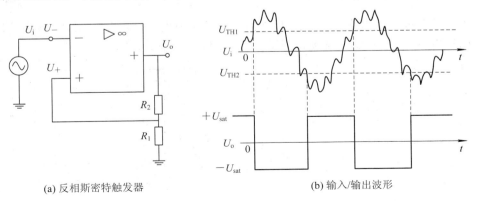

(a) 反相斯密特触发器　　　　　　　(b) 输入/输出波形

图 1.15　迟滞电压比较器

1.5　迟滞电压比较器的设计

迟滞比较器是一个具有迟滞回环传输特性的比较器。在反相输入单门限电压比较器的基础上引入正反馈网络，就组成了具有双门限值的反相输入迟滞电压比较器，如图 1.16 所示。由于反馈的作用，这种比较器的门限电压是随输出电压的变化而变化的。

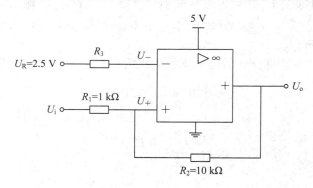

图 1.16　迟滞电压比较器的设计图

假设 $U_o = 5$ V，U_i 从 5 V 逐渐减小，当减小到 $U_+ = 2.5$ V 时，U_o 输出 "0"，根据电阻分压原理，此时 $U_i = 2.25$ V。同样假设此时输出 $U_o = 0$，U_i 从 0 逐渐增加，当增加到 $U_+ = 2.5$ V 时，U_o 输出 "1"，根据电阻分压原理，此时 $U_i = 2.75$ V，则滞后电压为 $2.75 - 2.25 = 0.5$ V。另外可分析得出 R_2/R_1 越大，滞后电压越大。

1.6　运 算 放 大 器

差分放大器又称差动放大器，是集成运算放大器的重要组成部分，可以说集成运算放大器的输入极都毫无例外地使用差分放大器。

1.6.1　差分放大器的电路模型

基本的差分放大器电路模型如图 1.17 所示。左端为正负输入端，右端为输出端，内部有一个受控电压源 $A_{od} \cdot U_{id}$，输入电阻无限大，因此 $I_+ = I_- = 0$。

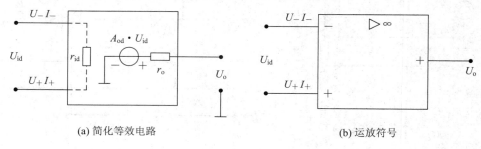

(a) 简化等效电路　　　　　　　　　　　　　(b) 运放符号

图 1.17　差分放大器电路模型

1.6.2 理想运算放大器

集成运算放大器具有一系列的优良性能，可以把主要性能参数理想化，在工程分析中也是十分必要的。主要参数如下：

(1) 开环电压放大倍数 $A_{od} \to \infty$；

(2) 差模输入电阻 $r_{id} \to \infty$；

(3) 输出电阻 $r_o = 0$；

(4) 频带为无限宽；

(5) 输入失调电压 $U_{io} = 0$；

(6) 输入失调电流 $I_{io} = 0$；

(7) 共模抑制比 $CMRR \to \infty$；

(8) 不存在干扰和噪声。

"虚短路"和"虚断路"是分析运算放大器应用电路的两个基本依据。"虚短路"意味着 $U_+ = U_-$；"虚断路"意味着运放工作不需要电流，即 $I_+ = I_- = 0$。

1.6.3 集成运放的基本组态

1. 反相放大组态

图 1.18 所示为反相放大组态电路，通过反馈元件构成闭环。由于 $I_b = 0$，因而由电路有 $I_F = I_1$，又因为 $U_+ = U_- = 0$，所以 $I_1 = U_i / R_1$，$I_F = -U_o / R_f$，则

$$\frac{U_i}{R_1} = -\frac{U_o}{R_f} \tag{1-8}$$

闭环电压增益为

$$A_{uf} = \frac{U_o}{U_i} = -\frac{R_f}{R_1} \tag{1-9}$$

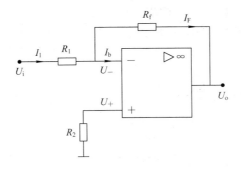

图 1.18 反相放大组态电路

利用叠加原理，写出图 1.19 所示 U_o 的表达式。当 U_{i1} 作用时，令 $U_{i2} = 0$，这时 R_2 被"虚短路"，不起作用，于是得到

$$U_{o1} = -\frac{R_f}{R_1}U_{i1} \tag{1-10}$$

同理可得

$$U_{o2} = -\frac{R_f}{R_2}U_{i2} \tag{1-11}$$

于是

$$U_o = U_{o1} + U_{o2} = -\frac{R_f}{R_1}U_{i1} - \frac{R_f}{R_2}U_{i2} \tag{1-12}$$

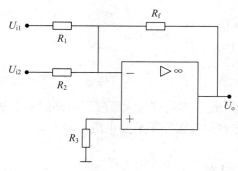

图 1.19　反相放大的叠加原理

2．同相放大组态

图 1.20 所示为同相放大组态电路，图中 R_f 和 R_1 构成反馈网络，输入信号 U_i 直接加到同相输入端。由于 $U_+ = U_-$，$I_b = 0$，由图可知：

$$U_- = \frac{R_1}{R_1 + R_f}U_o = U_+ = U_i \tag{1-13}$$

所以

$$U_o = \left(1 + \frac{R_f}{R_1}\right)U_i \tag{1-14}$$

当 $R_f = 0$，$R_1 = \infty$ 时，$U_o = U_i$，构成了同相电压跟随器，输入电阻很大而输出电阻很小。

注意：电流型运放一般不能做电压跟随器，因为其工作的电压增益一般要求大于 1，否则会振荡。

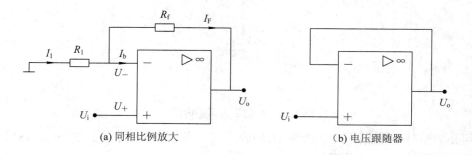

图 1.20　同相放大组态电路

3. 同相放大器与反相放大器的比较

同相放大器的优点：输入阻抗和运放的输入阻抗相等，接近无穷大；缺点：放大电路没有虚地，因此有较大的共模电压，抗干扰能力相对较差，使用时要求运放有较高的共模抑制比，另外放大倍数只能大于 1。

反相放大器的优点：两个输入端电位始终近似为零(同相端接地，反相端虚地)，只有差模信号，抗干扰能力强；缺点：输入阻抗很小，等于信号到输入端的串联电阻的阻值。

由此可见，从输入/输出阻抗、共模的抗干扰等方面进行对比分析，同相放大器与反相放大器的区别如下：

(1) 同相放大器的输入阻抗和运放的输入阻抗相等，接近无穷大，阻值大小不影响运放的输入阻抗；而反相放大器的输入阻抗等于信号到输入端的串联电阻的阻值。因此当要求输入阻抗较高的时候就应选择同相放大器。

(2) 同相放大器的输入信号范围受运放的共模输入电压范围的限制，反相放大器则无此限制。因此，如果要求输入阻抗不高且相位无要求时，则首选反相放大器。因为反相放大器只存在差模信号，抗干扰能力强，可以得到更大的输入信号范围。

4. 测量差分放大器

图 1.21 所示为测量放大器，又称仪表差分放大器。根据理想运算放大器的"虚短路"和"虚断路"的原则，由电流相等可得

$$\frac{U_{o1} - U_{i1}}{R_f} = \frac{U_{i1} - U_{i2}}{R_G} = \frac{U_{i2} - U_{o2}}{R_f} \tag{1-15}$$

解得

$$U_{o1} - U_{o2} = \left(1 + \frac{2R_f}{R_G}\right)(U_{i1} - U_{i2}) \tag{1-16}$$

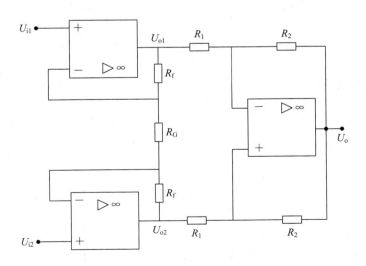

图 1.21　测量放大器

再利用运放差分组态的结论，可得

$$U_o = -\frac{R_2}{R_1}(U_{o1} - U_{o2})\tag{1-17}$$

故而得到输出与输入之间的关系：

$$U_o = -\frac{R_2}{R_1}\left(1 + \frac{2R_f}{R_G}\right)(U_{i1} - U_{i2})\tag{1-18}$$

可见，输出 U_o 与输入($U_{i1} - U_{i2}$)之间具有线性关系。

测量放大器的两个输入电压的参考地可以与运放的参考地不同，它常用于电桥等差分信号的放大转换。

5．可编程增益放大器

在自动测量等应用中，常需对增益进行编程控制，图 1.22 所示为可编程电压增益电路，图中的开关可以使用数模开关 CD4051 等。由于运放输入为高阻，因此模拟开关的导通电阻忽略不计。放大倍数由模拟开关的导通支路编号决定。

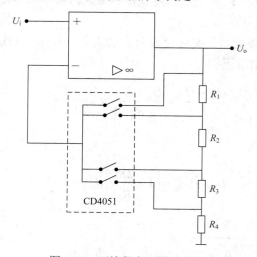

图 1.22　可编程电压增益电路

1.6.4　输入信号分类

差动放大器的两个输入端信号可以是任意的，如图 1.23 所示。

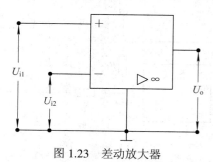

图 1.23　差动放大器

为此，将输入信号分别写成如下形式

$$U_{i1} = \frac{U_{i1} - U_{i2}}{2} + \frac{U_{i1} + U_{i2}}{2} \tag{1-19}$$

$$U_{i2} = -\frac{U_{i1} - U_{i2}}{2} + \frac{U_{i1} + U_{i2}}{2} \tag{1-20}$$

可以认为输入信号是差模信号 U_{id} 和共模信号 U_{ic} 叠加而成的，其电路模型如图 1.24 所示。

$$U_{id} = \frac{U_{i1} - U_{i2}}{2} \tag{1-21}$$

$$U_{ic} = \frac{U_{i1} + U_{i2}}{2} \tag{1-22}$$

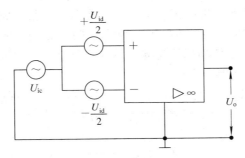

图 1.24 输入信号叠加原理

差分放大电路不但能进行差分放大，而且具有共模抑制能力。差分放大电路有两个输入端，如图 1.23 所示。设两个输入信号的差模值为 U_{id}，共模值为 U_{ic}，于是差分放大器的信号输入也可以用图 1.24 表示。应用线性叠加原理计算时，可分别考虑差模输入和共模输入，如图 1.25 和图 1.26 所示。

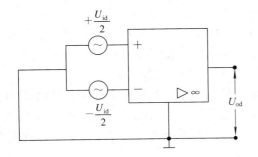

图 1.25 差模信号输入

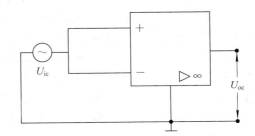

图 1.26 共模信号输入

设差模输入时差动放大器的放大倍数是 A_{od}，差模输出电压是 U_{od}。共模输入时放大器的放大倍数是 A_{oc}，共模输出是 U_{oc}，则

$$U_o = U_{od} + U_{oc} = A_{od} \cdot U_{id} + A_{oc} \cdot U_{ic} \tag{1-23}$$

理想差动放大器的共模放大倍数 A_{oc} 应等于 0，差模放大倍数 A_{od} 足够大，所以在理想状态下，有

$$U_o = U_{od} + U_{oc} = A_{od} \cdot U_{id} = A_{od} \cdot (U_{i1} - U_{i2}) \tag{1-24}$$

实际放大器的 A_{oc} 不等于 0，常用共模抑制比

$$CMR = 20 \ \log \left| \frac{A_{od}}{A_{oc}} \right| \tag{1-25}$$

描述差动放大器抑制共模信号的能力。因此在运放的两个输入端同时加一个噪声干扰共模信号，由于差动放大器对共模有抑制作用，故可以消除此噪声干扰。

1.6.5　运放制造的工艺分类

模拟运算放大器诞生至今已有 40 多年的历史了。最早是采用硅 NPN 工艺，后来改进为硅 NPN-PNP 工艺(后面称为标准硅工艺)。在结型场效应管技术成熟后，又进一步加入了结型场效应管工艺。当 MOS 管技术成熟后，特别是 CMOS 技术成熟后，模拟运算放大器有了质的飞跃，一方面解决了低功耗的问题，另一方面通过混合模拟与数字电路技术，解决了直流小信号直接处理的难题。

经过多年的发展，模拟运算放大器技术已经很成熟，性能日臻完善，品种极多。为了便于初学者选用，本节将介绍集成模拟运算放大器所采用的工艺分类法和功能/性能分类法等。

根据制造工艺，目前集成模拟运算放大器可以分为标准硅工艺的运算放大器、在标准硅工艺中加入了结型场效应管工艺的运算放大器、在标准硅工艺中加入了 MOS 工艺的运算放大器。

标准硅工艺的运算放大器的特点是开环输入阻抗低，输入噪声低、增益稍低、成本低，精度不太高，功耗较高。标准硅工艺的运算放大器内部全部采用 NPN-PNP 管，它们是电流型器件，输入阻抗低，输入噪声低、增益低、功耗高，即使输入级采用多种技术改进，仍然无法克服输入阻抗低的问题，典型开环输入阻抗在 1 MΩ 数量级。考虑到频率特性，中间增益级不能过多，使得总增益偏小，一般在 80～110 dB 之间。标准硅工艺可以结合激光修正技术，使运算放大器的精度大大提高，温度漂移指标目前可以达到 0.15 ppm。通过变更标准硅工艺，可以设计出通用运放和高速运放。典型器件是 LM324。

在标准硅工艺中加入了结型场效应管工艺的运算放大器主要是将标准硅工艺的运算放大器的输入级改进为结型场效应管，可以大大提高运放的开环输入阻抗，并且提高通用运放的转换速度，其他特性与标准硅工艺的集成模拟运算放大器类似。典型开环输入阻抗在 1000 MΩ 数量级，典型器件是 TL084。

在标准硅工艺中加入了 MOS 场效应管工艺的运算放大器又可分为三类。第一类是将标准硅工艺的运算放大器的输入级改进为 MOS 场效应管，它比结型场效应管大大提高了运放的开环输入阻抗，并提高了通用运放的转换速度，其他特性与标准硅工艺的运算放大器类似。它的典型开环输入阻抗在 1000 GΩ 数量级，典型器件是 CA3140。第二类是采用全MOS 场效应管工艺的运算放大器，它大大降低了功耗，同时降低了电源电压，开环输入阻抗在 1000 GΩ 数量级。第三类是采用全 MOS 场效应管工艺的模拟数字混合运算放大

器，采用所谓斩波稳零技术，主要用于改善直流信号的处理精度，输入失调电压可以达到
0.01 μV，温度漂移指标目前可以达到 0.02 ppm，在处理直流信号方面接近理想运放特性。
它的典型开环输入阻抗在 1000 GΩ数量级，典型器件是 ICL7650。

1.6.6　运放的主要参数

集成运放的主要参数分为直流指标和交流指标。直流指标有输入失调电压、输入失调
电压的温度漂移(简称输入失调电压温漂)、输入偏置电流、输入失调电流、输入偏置电流
的温度漂移(简称输入失调电流温漂)、差模开环直流电压增益、共模抑制比、电源电压抑
制比、输出峰-峰值电压、最大共模输入电压、最大差模输入电压等。

交流指标有开环带宽、单位增益带宽、转换速率 SR、全功率带宽、建立时间、等效输
入噪声电压、差模输入阻抗、共模输入阻抗、输出阻抗等。

1. 直流指标

1) 输入失调电压

输入失调电压 U_{io} 是指当集成运放输出端电压为零时，两个输入端之间所加的补偿电
压。输入失调电压实际上反映了运放内部的电路对称性，对称性越好，输入失调电压越小。
输入失调电压是运放的一个十分重要的指标，特别是用于精密运放或直流放大时。输入失
调电压与制造工艺有一定的关系，其中双极型工艺(即上述的标准硅工艺)的输入失调电压
在 ±(1～10)mV 之间；采用场效应管做输入级的，输入失调电压会更大一些。对于精密运放，
输入失调电压一般在 1 mV 以下。输入失调电压越小，直流放大时的中间零点偏移越小，
越容易处理。所以输入失调电压对于精密运放是一个极为重要的指标。

2) 输入失调电压的温度漂移

输入失调电压的温度漂移 U_{io} 是指在给定的温度范围内，输入失调电压的变化与温度
变化的比值。该参数实质上是输入失调电压的补充，便于在给定的工作范围内计算放大电
路由于温度变化造成的漂移大小。一般运放的输入失调电压温漂在 ±(10～20) μV/℃ 之间，
精密运放的输入失调电压温漂小于 ±1 μV/℃。

3) 输入偏置电流

输入偏置电流 I_b 是指当运放的输出直流电压为零时，其两个输入端的偏置电流平均值。
高阻信号放大、积分电路等对输入阻抗有一定的要求，输入偏置电流对它们均有显著的影
响。输入偏置电流与制造工艺有一定关系，其中双极型工艺(即上述的标准硅工艺)的输入
偏置电流在±10 nA～1 μA 之间；采用场效应管做输入级的，输入偏置电流一般低于 1 nA。

4) 输入失调电流

输入失调电流 I_{IO} 是指当运放的输出直流电压为零时，其两个输入端偏置电流的差值。
输入失调电流同样反映了运放内部的电路对称性，对称性越好，输入失调电流越小。输入
失调电流是运放的一个十分重要的指标，特别是用于精密运放直流放大时。输入失调电流
大约是输入偏置电流的 1%～10%。输入失调电流对于小信号精密放大或直流放大有重要影
响，特别是运放外部采用较大的电阻(如 10 kΩ 或更大)时，输入失调电流对精度的影响可
能超过输入失调电压对精度的影响。输入失调电流越小，直流放大时的中间零点偏移越小，
越容易处理。所以输入失调电流对于精密运放是一个极为重要的指标。

5) 输入失调电流的温度漂移

输入偏置电流的温度漂移 I_{io}(简称输入失调电流温漂)是指在给定的温度范围内，输入失调电流的变化与温度变化的比值。该参数实质上是输入失调电流的补充，便于在给定的工作范围内计算放大电路由于温度变化造成的漂移大小。输入失调电流温漂一般只在精密运放参数中给出，在用于直流信号或小信号处理时才需考虑。

6) 差模开环直流电压增益

差模开环直流电压增益是指当运放工作于线性区时，输出电压与差模电压输入电压的比值。大多数运放的差模开环直流电压增益一般在数万倍或更多，用数值直接表示不方便比较，所以采用分贝方式。通常运放的差模开环直流电压增益在 80～120 dB 之间。实际运放的差模开环电压增益是频率的函数，为了便于比较，一般采用差模开环直流电压增益。

7) 共模抑制比

共模抑制比是指当运放工作于线性区时，差模增益与共模增益的比值。共模抑制比是一个极为重要的指标，它能够抑制差模输入时的共模干扰信号。大多数运放的共模抑制比一般在数万倍或更多，用数值直接表示不方便比较，所以采用分贝方式。通常运放的共模抑制比在 80～120 dB 之间。

8) 电源电压抑制比

电源电压抑制比是指当运放工作于线性区时，输入失调电压随电源电压的变化比值。电源电压抑制比反映了电源变化对运放输出的影响。目前电源电压抑制比只能达到 80 dB 左右。所以在直流信号处理或小信号处理模拟放大时，运放的电源需要作认真细致的处理。共模抑制比高的运放能够补偿一部分电源电压抑制比，另外在使用双电源供电时，正负电源的电源电压抑制比可能不相同。

9) 输出峰-峰值电压

输出峰-峰值电压是指运放工作于线性区时，在指定的负载下，运放在当前大电源电压供电时能够输出的最大电压幅度。除低压运放外，一般运放的输出峰-峰值电压大于 ±10 V。一般运放的输出峰-峰值电压不能达到电源电压，这是由于输出级设计造成的。现代部分低压运放的输出级做了特殊处理，使得在 10 kΩ 负载时，输出峰-峰值电压接近到电源电压的 50 mV 以内，所以称为满幅输出运放，又称为轨到轨(raid-to-raid)运放。需要注意的是，运放的输出峰-峰值电压与负载有关，负载不同，输出峰-峰值电压也不同；运放的正负输出电压摆幅不一定相同。对于实际应用，输出峰-峰值电压越接近电源电压越好，这样可以简化电源设计。但是现在的满幅输出运放只能工作在低压状态，而且成本较高。

10) 最大共模输入电压

最大共模输入电压是指当运放工作于线性区时，共模抑制比特性显著变坏时的共模输入电压。一般将共模抑制比下降 6 dB 时所对应的共模输入电压作为最大共模输入电压状态。最大共模输入电压限制了输入信号中的共模输入电压范围，在有干扰的情况下需要注意这个问题。

11) 最大差模输入电压

最大差模输入电压是指运放两个输入端允许加的最大输入电压差。运放两个输入端的电压差一旦超过最大差模输入电压，就可能造成运放输入级损坏。

2．主要交流指标

1) 开环带宽

开环带宽是指将一个恒幅正弦小信号输入到运放的输入端，从运放的输出端测得开环电压增益从运放的直流增益下降 3 dB(或相当于运放直流增益的 0.707 倍)所对应的信号频率。这用于较小信号的处理。

2) 单位增益带宽 GB

单位增益带宽是指在运放的闭环增益为 1 倍条件下，将一个恒幅正弦小信号输入到运放的输入端，从运放的输出端测得闭环电压增益下降 3 dB(或相当于运放输入信号的 0.707 倍)所对应的信号频率。单位增益带宽是一个很重要的指标，对于正弦小信号放大时，单位增益带宽等于输入信号频率与该频率下的最大增益的乘积。换句话说，就是当知道要处理的信号频率和信号需要的增益后，可以计算出单位增益带宽，用以选择合适的运放。这可用于小信号处理中的运放选型。

3) 转换速率

转换速率也称为压摆率 S_R，是指在运放接为闭环电路的条件下，将一个大信号(含阶跃信号)输入到运放的输入端，从运放的输出端测得运放的输出上升速率。

$$S_R = \left| \frac{\mathrm{d}U_o}{\mathrm{d}t} \right|_{\max} \tag{1-26}$$

在转换期间，由于运放的输入级处于开关状态，所以运放的反馈回路不起作用，也就是转换速率与闭环增益无关。转换速率对于大信号处理是一个很重要的指标。一般运放转换速率 $S_R \leqslant 10$ V/μs，高速运放的转换速率 $S_R > 10$ V/μs，目前的高速运放最高转换速率 S_R 达到 6000 V/μs，这可用于大信号处理中的运放选型。

在具体的应用中，如果运放的压摆率、带宽不够，则输出波形将发生畸变。如图 1.27 所示，输入的方波和正弦波都发生了变形。

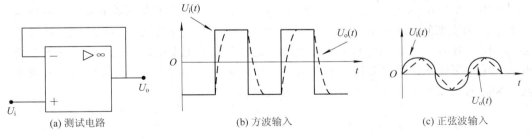

图 1.27　输入与输出电压波形对比

4) 全功率带宽

全功率带宽 BW 是指在额定的负载下，运放的闭环增益为 1 时，将一个恒幅正弦大信号输入到运放的输入端，使运放输出幅度达到最大(允许一定的失真)的信号频率。这个频率受到运放转换速率的限制。近似地，全功率带宽 $= S_R / 2\pi \cdot U_{op}$ (U_{op} 是运放的峰值输出幅度)。全功率带宽是一个很重要的指标，可用于大信号处理中的运放选型。

5) 建立时间

建立时间是指在额定的负载下，运放的闭环增益为 1 时，将一个阶跃大信号输入到运放的输入端，使运放输出由 0 增加到某一给定值时所需要的时间。由于是阶跃大信号输入，输出信号达到给定值后会出现一定的抖动，这个抖动时间称为稳定时间。稳定时间 + 上升时间 = 建立时间。对于不同的输出精度，稳定时间有较大差别，精度越高，稳定时间越长。建立时间是一个很重要的指标，可用于大信号处理中的运放选型。

6) 等效输入噪声电压

等效输入噪声电压是指屏蔽良好、无信号输入的运放，在其输出端产生的任何交流无规则的干扰电压。这个噪声电压若折算到运放输入端，就称为运放输入噪声电压(有时也用噪声电流表示)。对于宽带噪声，普通运放的输入噪声电压有效值约为 $10\sim20\,\mu V$。

7) 差模输入阻抗

差模输入阻抗也称为输入阻抗，是指当运放工作在线性区时，两个输入端的电压变化量与对应的输入端电流变化量的比值。差模输入阻抗包括输入电阻和输入电容，在低频时仅指输入电阻。一般产品也仅仅给出输入电阻。采用双极型晶体管做输入级的运放，输入电阻不大于 $10\,M\Omega$；采用场效应管做输入级的运放，其输入电阻一般大于 $1\,G\Omega$。

8) 共模输入阻抗

共模输入阻抗是指当运放工作在输入信号时(即运放两个输入端输入同一个信号)，共模输入电压的变化量与对应的输入电流变化量之比。在低频情况下，它表现为共模电阻。通常运放的共模输入阻抗比差模输入阻抗高很多，典型值在 $10^8\,\Omega$ 以上。

9) 输出阻抗

输出阻抗是指当运放工作在线性区时，在运放的输出端加信号电压，这个电压变化量与对应的电流变化量的比值。在低频时输出阻抗仅指运放的输出纯电阻，一般运放的输出阻抗都比较小，不到千欧数量级。

1.6.7　运放单电源供电

所有的运算放大器都有两个电源引脚，一般将它们标为 $+U_{CC}$ 和 $-U_{CC}$。在一般情况下，电路只能使用单电源供电方案，大多数单片机自带的 ADC 都只能采样正电压。单电源供电方案中，电源脚连接到 $+U_{CC}$ 和 GND，将正电压 $+U_{CC}$ 的一半作为虚地，连接到运放的输入脚，如图 1.28 所示。这时运放的输出电压也是参考此虚地电压，因此运放的输出也是在此虚地电压上下变化。单电源供电的电压一般是 5 V 或 3 V，而运放的输出电压的摆幅会更低，因此通常要使用轨到轨型(Rail-To-Rail)运放。

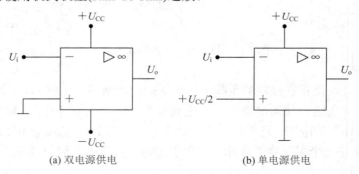

图 1.28　双电源和单电源供电

单电源工作的运放需要外部提供一个虚地，通常是电源电压的一半。经常使用图 1.29 所示的电路来产生虚地电压。在有些应用中，也可以直接使用电阻分压，省略该缓冲运放。

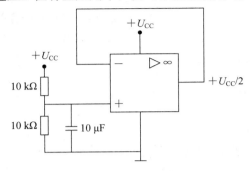

图 1.29   虚地电压

放大电路有两种基本类型：反相放大和同相放大，电路如图 1.30 和图 1.31 所示。两个电路均采用耦合电容 C_{in} 来阻止电路输入中的直流分量，这样电路就仅对交流分量进行放大。

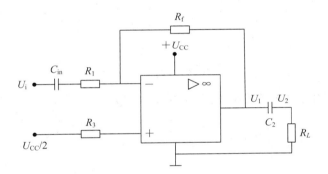

图 1.30   反相放大电路

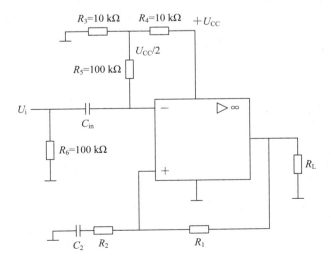

图 1.31   同相放大电路

反相放大电路的电压增益 $G = -R_f / R_1$，为保证电路的平衡性，R_3 的可取值在 $R_f // R_1$ 附近。耦合电容 C_{in} 和 C_2 的值由所需的低频响应和电路的输入/输出阻抗来确定。$C_{in} = 1000 / (2\pi f_o R_1)$，$C_2 = 1000 / (2\pi f_o R_L)$，$f_o$ 是所要求的最低输入频率。若 R_1、R_L 的单位为 $k\Omega$，频率为 Hz，则 C_{in} 和 C_2 的单位为 μF。图 1.32 给出了 U_1 和 U_2 点的电压变化波形，U_2 中没有 $U_{CC}/2$ 直流分量。

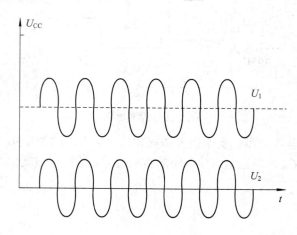

图 1.32　输出信号波形

图 1.31 中，同相放大电路的电压增益 $G = 1 + R_2/R_1$，R_5 电阻应选取得比较大，R_3 和 R_4 则选择得较小。C_2 电容用于阻挡直流，使放大器工作在交流放大状态与直流跟随的状态。R_3 和 R_4 用于分压，并形成基准电压。U_{out} 的输出交流电压的中心值为该基准电压。

第2章　Keil C51程序设计基础

Keil C51 是专门为 8051 单片机设计的高级语言 C 编译器，支持符合 ANSI 标准的 C 语言编程设计，同时针对 8051 单片机特点做了一些特殊扩展。本章介绍单片机开发过程中常用的 C 语言语法。

2.1　数据类型

C 语言的数据类型分为基本数据类型和复杂数据类型，复杂数据类型由基本数据类型构造而成。Keil C51 编译器能够识别的数据类型有 char、int、long、float、*、bit、sfr、sfr16 和 sbit 等，见表 2.1。

表 2.1　Keil C51 数据类型

数据类型	字节长度	值　域
unsigned char	1	0～255
char	1	−128～127
unsigned int	2	0～65 535
int	2	−32 768～32 767
unsigned long	4	0～429 496 729 5
long	4	−2 147 483 648～214 748 364 7
float	4	$\pm 1.175\ 494 \times 10^{-38} \sim \pm 3.402\ 823 \times 10^{38}$
*	1～3	
bit	位	0 或 1
sfr	1	0～255
sbit	位	0 或 1

在单片机编程中经常进行位操作，因此有必要介绍数据在内存中二进制存储形式。

2.2　位与数据类型

1 个字节由 8 位组成，即 1 Byte = 8 bit，见图 2.1。

bit7	bit6	bit5	bit4	bit3	bit2	bit1	bit0

图 2.1　字节与位

数据在微机里是以 01 二进制形式存储的，内存的最小单位为字节，如图 2.2 所示。

0	0	0	0	1	0	0	1

图 2.2　字节内的位信息

内存的每个单元都有相应的地址和二进制内容，如图 2.3 所示。

二进制内容								地址
1	0	0	1	0	1	1	1	0x0000
0	1	0	0	1	1	1	1	0x0001
1	1	0	0	1	1	1	0	0x0002
1	1	0	0	0	0	1	1	0x0003

图 2.3　内存地址与二进制内容

1. 原码、反码、补码

对于计算机，加减法是最基础的运算，若要辨别数字的"符号位"，就会让计算机的基础硬件电路设计变得十分复杂，于是人们想出了将符号位也参与运算的方法。我们知道，根据运算法则，减去一个正数等于加上一个负数，即：1–1 = 1 + (–1) = 0，所以计算机可以只有加法而没有减法，从而简化了运算电路的设计。

1) 原码

原码的表示方法是：最高位表示正负符号，0 表示正数，1 表示负数，其余位表示值。例如用 8 位二进制数表示：

$$[+1]_{原} = 0000\ 0001$$
$$[-1]_{原} = 1000\ 0001$$

第一位是符号位，所以 8 位二进制数的取值范围为[1111 1111，0111 1111]，即[–127，…，–0，+0，…，127]。注意，出现了–0 和+0 的情况。

2) 反码

反码的表示方法是：正数的反码是其本身。负数的反码是在其原码的基础上，符号位不变，其余各位取反。例如，8 位二进制数表示：

$$[+1]_{原} = [\ 0000\ 0001]_{原} = [0000\ 0001]_{反}$$
$$[-1]_{原} = [1000\ 0001]_{原} = [1111\ 1110]_{反}$$

显然，如果一个反码表示的是负数，则无法直观地看出它的数值，通常要将其转换成原码后再计算。

3) 补码

补码的表示方法是：正数的补码就是其本身；负数的补码是在其原码的基础上，符号位不变，其余各位取反，最后+1，即在反码的基础上+1。例如：

$$[+1]_{原} = [\ 0000\ 0001]_{原} = [0000\ 0001]_{反} = [00000001]_{补}$$
$$[-1]_{原} = [1000\ 0001]_{原} = [1111\ 1110]_{反} = [11111111]_{补}$$

同样，如果一个补码表示的是负数，无法直观地看出它的数值，通常要将其转换成原码后再计算。

可见原码、反码和补码是完全不同的。为使计算机硬件设计尽可能简单，将符号位参与运算并且只保留加法，假设数据长度为 8 位，原码计算十进制的表达式 1−1=0：

$$1-1 = 1 + (-1) = [00000001]_{原} + [10000001]_{原} = [10000010]_{原} = -2$$

可见，用原码表示时，符号位也参与计算，显然对于减法来说，结果是不正确的。为了解决上述问题，可采用反码：

$$1-1 = 1 + (-1) = [0000\ 0001]_{原} + [1000\ 0001]_{原} = [0000\ 0001]_{反} + [1111\ 1110]_{反}$$

$$= [1111\ 1111]_{反} = [1000\ 0000]_{原} = -0$$

用反码计算减法，结果的真值部分是正确的。而唯一的问题就出现在"0"这个特殊的数值上。虽然人们对 +0 和 −0 的理解上是一样的，但是 0 带符号是没有任何意义的，而且会有[0000 0000]$_{原}$和[1000 0000]$_{原}$两个编码表示形式。为了解决"0"的符号和两个编码的问题，出现了补码：

$$1-1 = 1 + (-1) = [0000\ 0001]_{原} + [1000\ 0001]_{原} = [0000\ 0001]_{补} + [1111\ 1111]_{补}$$

$$= [0000\ 0000]_{补} = [0000\ 0000]_{原}$$

这样 0 可以用[0000 0000]表示。

$$(-1) + (-127) = [1000\ 0001]_{原} + [1111\ 1111]_{原} = [1111\ 1111]_{补} + [1000\ 0001]_{补}$$

$$= [1000\ 0000]_{补}$$

虽然可以用[1000 0000]表示−128 的补码，但是−128 没有原码和反码(对−128 的补码表示[1000 0000]$_{补}$算出来的原码是[0000 0000]$_{原}$，这是不正确的)。

使用补码，不仅能修复了 0 的符号以及存在两个编码的问题，而且还能多表示一个最低数。这就是为什么 8 位二进制采用原码或反码表示的范围为[−127, +127]，而使用补码表示的范围为[−128, 127]。表 2.2 给出了正负数的真值、原码、反码和补码的规律，N 表示二进制数的大小，n 表示数据位数。

表 2.2　原码、反码和补码总结(n 数据位长度)

	真值	原码	反码	补码
正数	$+N$	$0N$	$0N$	$0N$
负数	$-N$	$1N$	$(2^n - 1) + N$	$2^n + N$

2．字符型

字符型有带符号数(char)和无符号数(unsigned char)之分，占用一个字节内存。对于 char 型，最高位表示该数据的符号，"0"表示正数，"1"表示负数，其值域为[−128,127]。对于无符号的 char 型数据，所有位都表示大小，无符号位，其值域为[0, 255]。同样由 0 和 1 组成的字节数据，不同的类型对应的大小是不相同的。例如 1000 0000b 字节，对于无符号类型的数据，其值为 128；对于有符号类型的数据，其值为−127。

ASCII(American Standard Code for Information Interchange，美国标准信息交换代码)是基于拉丁字母的一套电脑编码系统，主要用于显示现代英语和其他西欧语言。它是现今最通用的单字节编码系统，并等同于国际标准 ISO/IEC 646。ASCII 码使用指定的 7 位或 8 位二进制数组合来表示 128 或 256 种可能的字符，有些字符是可见的，有些是不可见的。

后面章节提到的字符串，一般都是指可见的字符。例如字符"0"，它所对应的 8 位二进制数为 00110000b，对应的十六进制数为 0x30，对应的十进制数为 48。有些字符是电脑显示不出的，如结尾符，对应十六进制数为 0x00。

3. 整型

int 型和 char 型的数据类似，只不过它占用 2 个字节内存，其有符号类型的值域为 [−32768，32767]，无符号类型的值域为 [0,65535]。在计算机系统中，我们是以字节为单位的，每个地址单元都对应着一个字节，一个字节为 8 bit。但是在 C 语言中除了 8 bit 的 char 之外，还有 16 bit 的 short 型、32 bit 的 long 型 (要看具体的编译器)，另外，对于位数大于 8 位的处理器，如 16 位或 32 位的处理器，由于寄存器宽度大于一个字节，那么必然存在着一个如何将多个字节安排的问题，由此就出现了大端存储模式和小端存储模式。所谓的大端模式，是指数据的低位保存在内存的高地址中，而数据的高位保存在内存的低地址中；所谓的小端模式，是指数据的低位保存在内存的低地址中，而数据的高位保存在内存的高地址中。例如一个 16 bit 的 short 型数据 x，在内存中的地址为 0x0033 和 0x0034。数据 x 的值为 0x1122，那么 0x11 为高字节位，0x22 为低字节位。对于大端模式，将 0x11 放在低地址内存 (0x0033) 中，0x22 放在高地址内存 (即 0x0034 中)；对于小端模式，则恰好相反。我们常用的 X86 结构是小端模式，而 KEIL C51 则为大端模式。很多的 ARM、DSP 都为小端模式，有些 ARM 处理器既可以设置为大端模式也可以设置为小端模式。0x1234 在大端模式下内存中的存放方式 (假设从地址 0x4000 开始存放) 如图 2.4 所示。

内存地址	0x4000	0x4001
存放内容	0x34	0x12

图 2.4　0x1234 在大端模式下内存中的存放方式

CPU 在小端模式下内存中的存放方式如图 2.5 所示。

内存地址	0x4000	0x4001
存放内容	0x12	0x34

图 2.5　0x1234 在小端模式下内存中的存放方式

4. 浮点型

float 型数据是指符合 IEEE-754 标准的单精度浮点型数据，在十进制数中具有 7 位有效数字。float 型数据占据 4 个字节，在内存中的存储结构如图 2.6 所示。

内存字节顺序	0	1	2	3
二进制	SEEE EEEE	EMMM MMMM	MMMM MMMM	MMMM MMMM

图 2.6　float 型数据存储结构

图中，S 为符号位，0 表示正，1 表示负，E 为 2 的指数，M 为小数的尾数部分。可见，float 型数据在内存中占据 32 位，第 1 位是符号位，第 2～9 位是指数位，第 10～32 位是基数位。一个浮点数的大小为 $(-1)^S \times 2^{E-127} \times (1.M)$。下面以数"5.1"为例来说明数据在内存中的保存情况。

$$5 = 101(二进制)$$

$$0.1 = 0.0001\ 1001\ 1001\ 1001\ 1001\ 1001\ 1001\ 1001\ 1001\cdots b$$

所以　　$5.1 = 101.0001\ 1001\ 1001\ 1001\ 1001\ 1001\ 1001\ 1001\ 1001\cdots b$

　　　　　$= 1.0100\ 0110\ 0110\ 0110\ 0110\ 0110\ 0110\ 0110\ 0110\cdots 2^2$

因此　　$M = 0100\ 0110\ 0110\ 0110\ 0110\ 011(取\ 23\ 位)$

由于指数部分为 2，因此 $E = 2 + 127 = 129(1000\ 0001)$

符号位为 0，可得到 5.1 浮点数保存的二进制数据：0100 0000 1010 0011 0011 0011 0011 0011b。

5. 指针型

指针本身是一个变量，但这个变量中存放的不是普通数据而是另外一个数据的内存地址。指针变量在 51 单片机中占据 1～2 个字节内存，与 CPU 的结构有关，用于保存内存地址号。在不同的硬件平台上，指针变量占用的内存大小与其地址值的范围大小成正比。指针变量也具有类型，如 char *pt，表示 pt 是一个指向字符型变量的一个指针变量。使用指针变量可以方便地对 8051 单片机的各部分物理地址直接进行操作。这里先举一个 C 语言的例子，假设指针变量占用 1 个字节。

1 char a;

2 char *pt;

3 char *reg;

4 pt=&a;

5 reg=(char *)(0x56);

6 *reg=0x12;

程序执行到第 6 行，内存与保存数据之间的关系如图 2.7 所示。

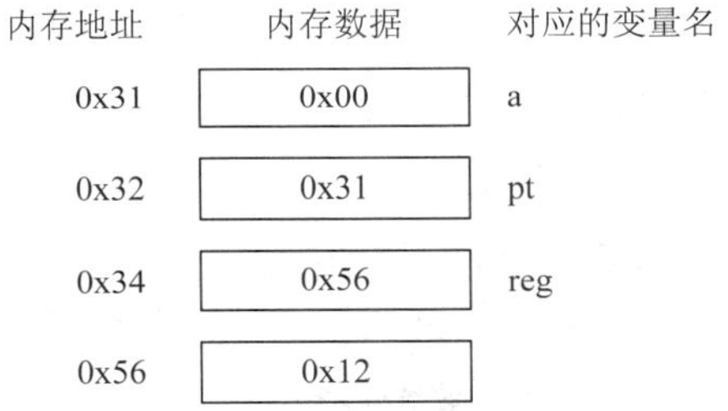

图 2.7　内存与保存数据的关系

第 1～3 行程序是编译器为 a、pt 和 reg 变量分配内存，分别是 0x31、0x32 和 0x33，第 4 行程序是给 pt 赋值为变量 a 的内存地址(0x31)即，第 5 行程序是给 reg 赋值为 0x56，第 6 行程序是给 reg 所指向的内存单元 0x56 里面的数据修改为 0x12。指针的类型，决定了进行一次 pt++ 操作时实际的内存地址增加数。例如，若 pt 是整型指针变量，则执行 pt++ 时内存地址编号实际增加了 2 个字节。

6. typedef 关键字

typedef 为 C 语言的关键字，作用是为一种数据类型重新定义一个新名字。它包括内部数据类型(如 int、char 等)和自定义的数据类型(如 struct 等)。在编程中使用 typedef 的目的一般有两个：一个是给变量取一个便于记忆且意义明确的新名字，另一个是简化一些比较复杂的类型声明。

重新定义时需用到关键字 typedef，定义方法如下：

　　　　typedef 已有的数据类型 数据类型新名称

其中，"已有的数据类型"是指 C 语言中的所有数据类型，"数据类型新名称"是指用户可按自己的习惯或具有特定含义的名称。typedef 可以定义各种数据类型的新名称，但是不能用来直接定义变量。typedef 只是对已有的数据类型在名字上做了一个置换，并没有创造出一个新的数据类型。例如：

```
typedef int word;
word i，j;
```

上面的程序中，首先用 typedef 关键字将 word 名称定义为 int 类型的别称，定义过程中实际上是用 word 置换了 int，因此下一行程序的定义 i、j 实际上就是"int i，j；"。

用 typedef 还可以定义结构类型，例如：

```
typedef struct
{
    int month;
    int day;
    int year;
} DATE;
```

这里其实就是将 DATE 表示成 struct {…}字符。还可以用 DATE 直接定义变量，例如：

```
DATE birthday;
DATE * point;
```

一般而言，用 typedef 定义的新类型名称均用大写字母表示，以与 C 语言中的原有数据类型相区别。

7．位类型

bit 型是 Keil C51 编译器的一种扩展数据类型，可用来定义一个位变量，但不能定义位指针和位数组。位变量被分配在单片机内部可被位寻址的内存处。

8．特殊功能寄存器

sfr 是 Keil C51 编译器的一种扩充数据类型，可用来定义 8051 单片机的所有内部 8 位特殊功能寄存器。

9．可寻址位

sbit 是 Keil C51 编译器的一种扩充数据类型，可用来定义 8051 单片机内部可位寻址 RAM 中的位或特殊功能寄存器中的可寻址位。例如：

```
sfr Port0=0x80;
unsigned char bdata bb;        //bb 定义在可位寻址的内存区域
sbit P00=Port0^0;
sbit b3=bb^3;
```

上述程序将可位寻址的特殊功能寄存器 0x80(即 P0 口)的第 0 位定义为 P00，并将定义在可位寻址内存中的变量 bb 的第 3 位定义为 b3。

2.3　变量的存储类型

在使用一个变量前，必须先进行定义，以便编译器为它分配相应的存储单元。在 Keil C51 中对变量进行定义的格式如下：

【存储类型】数据类型【存储器类型】变量名；

其中"存储类型"和"存储器类型"可选。存储类型有四种：auto(自动)、extern(外部)、static(静态)和 register(寄存器)，默认为 auto。Keil C51 编译器完全支持 8051 系列单片机的硬件结构和存储器组织。表 2.3 给出了 Keil C51 编译器的存储器类型名称。

表 2.3　Keil C51 编译器的存储器类型

存储器类型	说　　明
data	片内低 128 B 的内存，访问速度最快
bdata	片内可位寻址的 16 B 内存
idata	片内 256 B 的内存
pdata	分页寻址的片外 256 字节内存
xdata	片外 64 KB 内存
code	程序存储器，最大 64 KB

51 系列单片机有 256 个字节的内存，随着单片机的发展可进行扩展。扩展内存分为两类：片上扩展和片外扩展。片上扩展是单片机在生产时就扩展了的内存，片外扩展是额外使用一个内存芯片进行内存的扩展。不同的存储器类型，CPU 采用不同的方式进行访问操作，访问方式由 Keil C51 自动识别。

2.4　Keil C51 运算符

1．C 语言运算符的优先级

表 2.4 列出了 Keil C51 中运算符的优先级。

表 2.4　Keil C51 语言运算符优先级

优先级	运算符	名称或含义	使用形式	结合方向	说　　明
1	[]	数组下标	数组名[常量表达式]	左到右	—
	()	圆括号	(表达式)/函数名(形参表)		—
	.	成员选择(对象)	对象.成员名		—
	->	成员选择(指针)	对象指针->成员名		—
2	–	负号运算符	-表达式	右到左	单目运算符
	~	按位取反运算符	~表达式		
	++	自增运算符	++变量名/变量名++		
	–	自减运算符	--变量名/变量名--		
	*	取值运算符	*指针变量		
	&	取地址运算符	&变量名		
	!	逻辑非运算符	!表达式		
	(类型)	强制类型转换	(数据类型)表达式		—
	sizeof	长度运算符	sizeof(表达式)		—

续表

优先级	运算符	名称或含义	使用形式	结合方向	说　明
3	/	除	表达式/表达式	左到右	双目运算符
	*	乘	表达式*表达式		
	%	余数(取模)	整型表达式%整型表达式		
4	+	加	表达式+表达式	左到右	双目运算符
	–	减	表达式–表达式		
5	<<	左移	变量<<表达式	左到右	双目运算符
	>>	右移	变量>>表达式		
6	>	大于	表达式>表达式	左到右	双目运算符
	>=	大于等于	表达式>=表达式		
	<	小于	表达式<表达式		
	<=	小于等于	表达式<=表达式		
7	==	等于	表达式==表达式	左到右	双目运算符
	! =	不等于	表达式!= 表达式		
8	&	按位与	表达式&表达式	左到右	双目运算符
9	^	按位异或	表达式^表达式	左到右	双目运算符
10	|	按位或	表达式|表达式	左到右	双目运算符
11	&&	逻辑与	表达式&&表达式	左到右	双目运算符
12	||	逻辑或	表达式||表达式	左到右	双目运算符
13	?:	条件运算符	表达式 1? 表达式 2: 表达式 3	右到左	三目运算符
14	=	赋值运算符	变量=表达式	右到左	—
	/=	除后赋值	变量/=表达式		—
	*=	乘后赋值	变量*=表达式		—
	%=	取模后赋值	变量%=表达式		—
	+=	加后赋值	变量+=表达式		—
	–=	减后赋值	变量–=表达式		—
	<<=	左移后赋值	变量<<=表达式		—
	>>=	右移后赋值	变量>>=表达式		—
	&=	按位与后赋值	变量&=表达式		—
	^=	按位异或后赋值	变量^=表达式		—
	|=	按位或后赋值	变量|=表达式		—
15	,	逗号运算符	表达式,表达式,...	左到右	—

　　完全正确记忆运算符优先级不现实，在实际编程中，尽量采用()方式进行分级，便于理解。在这里我们介绍一下单片机编程中经常用到的位操作运算。

2. 按位取反

按位取反"~"的操作如图 2.8 所示。

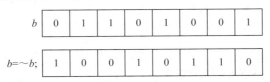

图 2.8　按位取反操作

将变量 b 对应的内存中的二进制数进行逐位取反，即 1 变 0，0 变 1，如图 2.8 所示。

3. 右移操作

右移操作">>"的运算过程如图 2.9 所示。

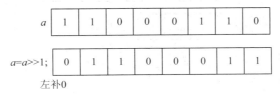

图 2.9　右移操作

将变量 a 对应的内存中的二进制数整体向右移动，则左边移走的位补 0，如图 2.9 所示。注意右移时写成"a>>1；"是错误的。

4. 左移操作

左移操作"<<"的运算过程如图 2.10 所示。

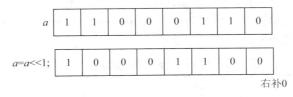

图 2.10　左移操作

将变量 a 对应的内存中的二进制数整体向左移动，则右边最低位补 0，如图 2.10 所示。注意左移时时写成"a<<1；"是错误的。

5. 按位或

按位或"|"的操作过程如图 2.11 所示。

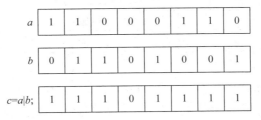

图 2.11　按位或操作

将变量 a 和变量 b 对应的内存二进制数相同位置的对应位进行或操作,如图 2.11 所示。根据 01 或运算规律,或操作用于将变量的某一位置 1,如将字符类型变量 b 的最高位置 1,即 $b = b|0x80$。

6．按位与

按位与 "&" 操作的过程如图 2.12 所示。将变量 a 和变量 b 对应的内存二进制数相同位置的位进行与操作。根据 01 与运算规律,与操作用于将变量的某一位清零,如将字符类型变量 b 的最高位清零,即 $b = b\&0x7f$。

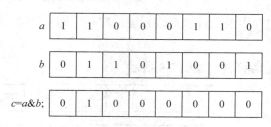

图 2.12　按位与操作

2.5　标准 C 预处理器

在源代码通过编译器之前,有时需先对源代码进行一些必要的处理完成这项任务的环节称为预处理器(preprocessor),所使用的指令称为预处理器指令。预处理器指令存放在源程序的 main 函数之前,在源代码通过编译器之前,由预处理器检查所有预处理指令,如果存在,则先执行预处理器指令,然后再把预处理后的源程序交给编译器。

常用的预处理器指令及其功能见表 2.5。

表 2.5　常用的预处理器指令及其功能

指　令	作　用
#define	定义一个宏替换
#undef	取消一个宏定义
#include	指定要包含的文件
#ifdef	测试某个宏已定义
#endif	表示#if 的结束
#ifndef	测试某个宏未定义
#if	测试一个编译时条件
#else	当#if 测试失败时,指定另一个测试

这些指令可以分为三类:宏替换指令、文件包含指令和编译器控制指令。

1．宏替换指令

宏替换是程序中的标识符被预定义的字符串(由一个或者多个标记符组成)取代的过程。预处理器在#define 指令下完成这一工作,宏定义中的表达式最好使用括号,在考虑优先级时作为一个整体,区别于前面或后面的运算。

最常见的宏替换指令有三种：简单宏替换、含参数的宏和宏嵌套。

1) 简单宏替换

例如，在程序编译时，有 PI 的地方直接被替换成 3.1415926。

```
#define PI    3.1415926
#define MaxLength 15
#define SET 1
#define D (8+3)
#define STR "Please check the PIM card."
```

2) 含参数的宏

含参数的替换成为宏调用(类似于函数调用)。当调用宏时，预处理器将替换该字符串，即用实参替换形参。字符串就像一个模板。

```
#define CUBE(x)    ((x)*(x)*(x))
#define MAX(a,b)    (((a)>(b))?(a):(b))
#define ABS(x)    (((x)>0)?(x):(-(x)))
```

3) 宏嵌套

在一个宏的定义中使用另一个宏。预处理器将扩展每个#define 宏，直到文本中不再有宏为止。

```
#define M    6
#define N    M + 1
```

2．文件包含指令

```
#include "filename"
```

其中，filename 为含有所需的文件名，文件名不区分大小写。此时，预处理器把 filename 的整个内容插到程序的源代码之中。当 filename 用双引号包含时，首先从当前目录中查找该文件，然后再到标准目录中查找。也允许被包含文件的嵌套，也就是说，一个被包含的文件又可以包含其他文件，但是，文件不能包含自身。如果没有找到被包含的文件，将报告一个错误，且编译终止。

```
#include "reg51.h"
#include "uart.h"
```

3．条件编译

一般情况下对 C 语言程序进行编译时所有的程序都参加编译，程序语句越多，编译生成的文件就越大。有时为了程序的通用性，仅需改变程序的某几处就可以很方便地应用到其他场合，这样将会增加代码的长度。对单片机等微型计算机的存储空间是有限的，因而希望其中一部分内容只在满足一定条件时才进行编译，这就是条件编译。条件编译可以选择不同的编译范围，从而产生不同的代码。Keil C51 的预处理器提供以下条件编译命令：#if、#elif、#else、#endif、#ifdef、#ifndef。现在介绍两种条件编译命令格式。

(1) 格式 1：

```
#ifdef 标识符
    程序段 1
```

```
#else
    程序段 2
#endif
```

该命令的功能是：如果已经定义了标识符，则程序段 1 参与编译，忽略程序段 2；如果还没有定义标识符，则忽略程序段 1，程序段 2 参与编译并生成代码。例如：

```
#define CPU 8051
#ifdef CPU
    程序段 1
#else
    程序段 2
#endif
```

由于第一行定义了 CPU 标识符，因此程序段 1 参与编译，忽略程序段 2，参与编译的代码量仅为程序段 1。"8051"可以不写，表示 CPU 被定义为空，但仍然是被定义了的。

(2) 格式 2：

```
#ifndef 标识符
    程序段 1
#else
    程序段 2
#endif
```

格式 2 和格式 1 的功能仅第一句不同，它是如果没有定义标识符。例如 51 单片机中的文件：

```
#ifndef reg52
#define reg52
    程序段 1
#endif
```

如果没有定义 reg52 标识符，则定义 reg52 为空，同时程序段 1 参与编译。这样写头文件的好处是：当头文件被多次#include 后，由于只有第一次被#include 时 reg52 没有进行定义，因此代码参与编译。当头文件被重复包含时，由于 reg52 已经被定义为空，因此#ifndef 为假，程序段 1 就被忽略，避免了文件被重复包含。重复包含可能会造成语法错误。

2.6 C 程序的常用语句

1. 表达式语句

C 语言是一种结构化的程序设计高级语言，它提供了十分丰富的程序控制语句，表达式语句是最基本的语句。在表达式的后面加一个";"就构成了表达式语句。例如：

```
x=y=2.0;
;
i++;
```

表达式也可以仅由一个分号";"组成，这种语句称为空语句。

2．复合语句

复合语句是由若干条语句组合而成的一种语句，是用一个大括号"{}"将若干个表达式语句组合在一起而形成的一种语句组。复合语句的一般形式如下：

```
{
    表达式语句 1；
    表达式语句 2；
    …
}
```

复合语句在执行时，按各个单语句依次顺序执行。在后面的描述中，单语句称为语句，将复合语句统一称为语句组。当语句组中只有一条单语句时，"{}"可以省略。

3．条件语句

条件语句又称为分支语句，用 if 关键字构成的。C 语言提供了 3 种格式的条件语句。

格式 1：

```
if(逻辑条件表达式)
{
    语句组；
}
语句 n；
```

其含义为：如果逻辑条件为真，就执行括号内的语句组，否则就执行语句 n。在 Keil C 中，非 0 即为真。其执行过程如图 2.13 所示。

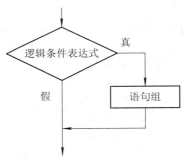

图 2.13　条件语句一分支执行过程

格式 2：

```
if(逻辑条件表达式)
{
    语句组 1；
}
else
{
    语句组 2；
}
语句 n；
```

其含义为：若逻辑表达式为真，则执行语句组 1，否则执行语句组 2，然后再执行语句 n。其执行过程如图 2.14 所示。

格式 3：

```
if(逻辑条件表达式 1)
{
```

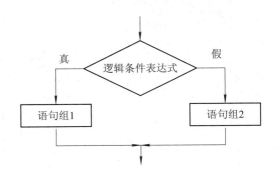

图 2.14　条件语句两分支执行过程

```
        语句组 1;
    }
    else if(逻辑条件表达式 2)
    {
        语句组 2;
    }
    else if(逻辑条件表达式 3)
    {
        语句组 3;
    }
    ...
    else
    {
        语句组 n;
    }
```

这种语句结构用来实现多方向的条件分支，其执行过程如图 2.15 所示。

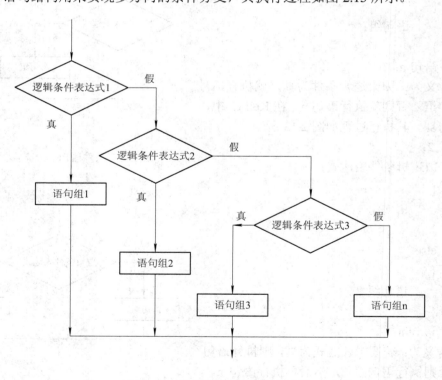

图 2.15　条件语句多分支执行过程

4. 开关语句

if 语句只有两个分支可供选择，但实际中常常需要用到多个分支的选择，例如成绩的分类。C 语言中提供 switch 语句来处理多分支选择，它的一般形式如下：

```
switch(表达式)
{
    case 常量 1：语句组 1；
    case 常量 2：语句组 2；
    case 常量 3：语句组 3；
    …
    default：语句组 n；
}
```

当表达式的值与某一个 case 后面的常量值相等时，就会执行后面的语句。若所有的 case 中的常量值都没有与表达式的值匹配，则执行 default 后面的语句。

switch 中 case 语句是从上向下顺序执行的，每一个 case 都会被执行的。实际应用中，表达式只能与其中的一个常量相等。为了不再对后面的 case 语句常量进行比较，在每个 case 语句最后加上 break 语句，跳出 switch 语句。

例如，要求按照考试成绩的等级输出百分制分数段。

```
switch(grade)
{
    case 'A'：printf("90-100"); break;
    case 'B'：printf("70-90"); break;
    case 'C'：printf("60-70"); break;
    case 'D'：printf("<60"); break;
    default：printf("error"); break;
}
```

5．while 循环语句

要构成一个有效的循环，应当指定两个条件：① 需要重复执行的语句；② 循环结束的条件。若循环条件总是被满足，则该循环就会无休止的被执行，称为死循环。while 语句的一般形式如下：

```
while(逻辑表达式)
{
    语句组；
}
```

while 循环是先判断逻辑表达式的真假，后执行语句。其执行过程如图 2.16 所示。

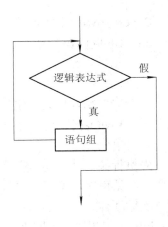

图 2.16　while 循环执行过程

例如，常见格式如下：

```
while(逻辑表达式)
{
    语句 1；
    …
```

```
    语句 n；
    }
语句 n+1；
```

首先判断逻辑表达式是否为真，若为假，跳过 while 循环体，执行语句 n+1；若为真则顺序执行语句 1，…，语句 n，然后再一次判断此时逻辑表达式的真假。

例如，用 while 求解 1+2+…+100=？

```
int sum，i；
sum=0；
i=1；
while(i<101)
{
    sum=sum+i；
    i=i+1；
}
```

若逻辑表达式总是为真，则程序无限循环执行，语句 n+1 及下面的语句就不会被执行了。例如单片机中的：

```
while(1)
{
    任务 1；
    任务 2；
}
```

逻辑表达式为 1，总是为真，因此单片机的程序就不停地轮流执行任务 1 和任务 2 语句。

6．do…while 循环语句

do…while 的语句特点是先执行，然后判断循环条件是否成立。其一般形式如下：

```
do
{
    循环体语句组；
} while(逻辑表达式)；
语句 n；
```

先执行循环体语句，然后判断逻辑表达式的真假。若为假，则结束循环执行，执行语句 n；若为真，则重复执行一次循环体语句，然后再一次判断逻辑表达式的真假。与 while 语句相比，不同点是循环体语句至少会被执行一次，其执行过程如图 2.17 所示。

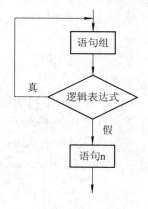

图 2.17　do…while 循环执行过程

例如，求解 1+2+…+100=？

```
int sum，i；
sum=0；
i=1；
```

```
    do
    {
        sum=sum+i;
        i=i+1;
    }   while(i<101);
```

7．for 循环语句

for 循环常用于循环次数已知的循环，也可以用于循环次数未知的循环，其一般形式如下：

　　　　for(语句[表达]1；逻辑表达式；语句[表达式]2)
　　　　{
　　　　　　语句组 3；
　　　　}

在格式上应注意，语句 2 后面是没有 "；" 的，其执行过程如图 2.18 所示。

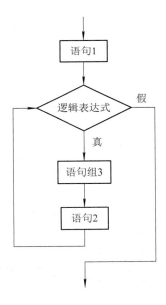

图 2.18　for 循环执行过程

首先执行语句 1，然后判断逻辑表达式的真假。若为真，则顺序执行语句组 3，执行语句 2，再一次进行逻辑表达式的判断；若为假，则跳出 for 循环体，执行后面的语句。例如求解 1+2+…+100=?

```
    int sum，i;
    sum=0;
    for(i=1；i<101；i++)
    {
        sum=sum+i;
    }
```

8. 循环的嵌套

一个循环体内包含另一个完整的循环结构，称为循环的嵌套。内嵌的循环中还可以嵌套循环，这就是多层循环。

9. continue、break 和 return

break 和 continue 常用来改变循环体执行顺序。continue 结束本次循环，忽略 continue 后面的语句，继续执行下一次循环。break 结束循环，执行循环体下面的语句，如图 2.19 所示。return 结束本函数，返回至调用的函数。关于函数的使用，本书将在后面章节讲解。

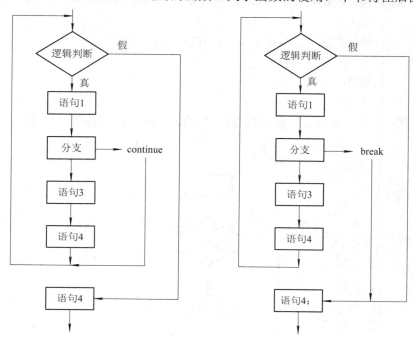

图 2.19　continue 与 break 执行过程

2.7　数组、函数和变量作用域

2.7.1　数组

数组就是有序数据的集合。数组中的所有元素都属于同一个数据类型，用一个统一的数组名和下标来唯一确定数组中的各个元素。数组的定义形式如下：

数组类型　数组名[常量表达式];	//1 维数组的定义
数组类型　数组名[列常量表达式] [行常量表达式];	//2 维数组的定义
数组类型　数组名[常量表达式] [常量表达式] [常量表达式];	//3 维数组的定义

数组定义中，[]里的数组大小必须是常量，因为编译器将分配内存存储数组变量。定义数组时，可以对数组元素赋初值。例如：

int a[5]={1,2,3,4,5};

数组元素通过数组名和下标方式进行引用，元素的下标是从 0 开始的，如 a[0]。通过以下程序可看出编译器对内存的分配情况：

(1) unsigned char a[5]={1,2,3,4,5};

(2) unsigned char *pt,tmp1,tmp2;

(3) pt=&a[0]; //pt=a;

(4) tmp1=*pt;

(5) pt++;

(6) tmp2=*pt;

假设编译器给变量分配的内存情况如图 2.20 所示。

C 语言中数组是顺序存储的，2 维数组按行优先存储。图 2.20 中第 3 行程序将数组 a 的首地址赋值给变量 pt，因此 pt 的值等于 0x21。在 C 语言中，数组名也表示首地址，因此 pt=a 也是将数组 a 的首地址赋值给变量 pt。第 4 行程序 tmp1=*pt，表示将变量 pt 值所对应内存中的值赋给变量 tmp1，即 tmp1=1。pt++表示将 pt 的值加 1，即 pt=0x22。因此程序运行至结尾时，各变量与内存的值如图 2.21 所示。

内存地址编号	内存字节	变量名	内存地址编号	内存字节	变量名
0x21	1	a[0]	0x21	1	a[0]
0x22	2	a[1]	0x22	2	a[1]
0x23	3	a[2]	0x23	3	a[2]
0x24	4	a[3]	0x24	4	a[3]
0x25	5	a[4]	0x25	5	a[4]
0x26	0	pt	0x26	0x22	pt
0x27	0	tmp1	0x27	1	tmp1
0x28	0	tmp2	0x28	2	tmp2

　　　图 2.20　变量内存分配情况　　　　　　　图 2.21　执行完毕后内存的值

字符串数组中的所有元素都是可见的字符，空格也属于可见的。例如：

　　　char str[]={"Hello"};

字符串中只有 5 个字符，编译系统会在最后面自动添加一个字符串结尾符"\0"，即 0x00，这样就占用了 6 个字节的内存。

2.7.2　函数

在程序开发过程中，将一些常用的功能模块编写成函数，便于程序员使用。C 语言中规定，程序中的所有函数必须先定义后使用。从用户角度出发，函数可分为以下两种：

(1) 库函数：由编译系统提供，用户不用定义，可直接使用。

(2) 用户自定义函数：用户可根据自己需要定义函数，用来实现指定的功能。

从函数的形式来看，函数分为以下两类：

(1) 无参函数：主调函数无需向被调用的函数传递数据。

(2) 有参函数：主调函数需要向被调用的函数传递数据。

主调函数调用完被调函数后，有时需要得到一个返回值，有时无需返回数据，因此被调函数需声明函数类型，以指明返回值的情况。

函数的定义格式如下：

函数类型　函数名(参数类型　参数 1，参数类型　参数 2，…)
{
　　　声明部分；
　　　语句部分；
}

函数的类型与 C 语言数据的类型一致，另外还有空类型 void。例如：

```
void fun1()
{
    语句组；
}
int max(int a,int b)
{
    int c;
    if(a>b) c=a;
    else c=b;
    return c;
}
```

函数中经常用到声明和定义这两个概念。声明用于指明函数的类型和参数列表情况；定义是指函数功能的具体实现，也称为函数的实现。函数可以相互调用，也可以自己调用自己(即递归)，但不能调用 main 函数。main 函数是系统调用的，是程序执行的入口函数。例如：

```
void main()
{
    int max(int a,int b);      //max 函数的声明
    int c;
    c=max(2,3);                //max 函数的调用
}
int max(int a,int b)           //max 函数的定义或实现
{
    int c;
    if(a>b) c=a;
    else c=b;
    return c;
}
```

在同一个文件中，若被调用函数的代码写在主调用函数前，则在主调用函数中可以不用声明被调用函数。例如：

```
int max(int a,int b)    //max 函数的定义或实现
{
    int c;
    if(a>b) c=a;
    else c=b;
    return c;
}


void main()
{
    //int max(int a,int b); 可不需声明 max 函数
    int c;
    c=max(2,3);   //max 函数的调用
}
```

2.7.3　变量的作用域

如果 C 程序中只有一个 main 函数，那么在函数中声明的变量在本函数中显然是有效的。但是，若一个程序包含多个函数，则会产生一个问题：在函数 A 中定义的变量在函数 B 中能否使用呢？这就是数据的作用域问题。

1. 局部变量

变量在函数中的定义仅在本函数中有效。函数执行完毕后，对应的变量内存被释放，以供其他函数使用。在一个文件中，各函数的局部变量名称可以相同，互不影响。例如：

```
int min(int a,int b)
{
    int c;
    if(a<b) c=a;
    else c=b;
    return c;
}


void main()
{
    int max(int a,int b);    //max 函数的声明
    int c;
    c=max(2,3);              //max 函数的调用
    c=min(4,5);
```

```
}
int max(int a,int b)        //max 函数的定义或实现
{
        int c;
        if(a>b) c=a;
        else c=b;
        return c;
}
```

在以上三个函数中，都使用了变量 a、b 和 c，这三个变量在函数内部进行的声明属于局部变量，使用时互不影响。

如果在声明局部变量时加上 static 关键词，那么该变量在其他函数中仍然是不可见的。即使当函数退出时，该变量的内存字节仍然被占用，其值不变，在第二次调用时不会被初始化。例如：

```
int add()
{
        static int i=3;
        i++;
        return i;
}
```

第一次调用变量 i 时会对其赋初值 3，函数退出时变量 i 的值为 4 且不会被释放；第二次调用函数时，变量 i 的初始值为 4。注意：Keil C51 编译器中不允许变量在程序的中间进行声明。

2. 全局变量

C 语言的编译单位是源程序文件，在函数里面声明的变量为局部变量，在函数体外声明的变量为外部变量，又称全局变量。全局变量的有效区域为从声明位置处到本源程序的结尾，在此域内的函数均可以使用该变量。例如：

```
void f1()
{
        b=56;           //变量 b 在此函数不可见，会报错
        …;
}
int b=9;                //外部变量
void f2()
{
        b=3;            //可以使用变量 b
…;
}
void f3()
{
```

```
        int b=4;
        b=78;            //与局部同名，此时操作的局部变量 b
        …;
    }
```

2.8　工程代码的管理

在实际工程中，一个项目先划分为若干个任务，每个任务由程序员独立开发，然后再汇集联调。每个程序员将提供自己所负责任务功能模块的代码文件，而其他程序员就无需掌握具体完成过程，仅对其提供的功能函数进行了解即可。假设程序员 A 完成了串口的发送功能，他向项目负责人提交 UART.h 头文件和 UART.c 源文件。UART.h 头文件的内容如下：

```
    #ifndef UART__H
    #define UART__H
    extern void SendStringWithUart(unsigned char *pt);      //声明
    #endif
```

UART.c 源文件的内容如下：

```
    void abc(); ……        //其他更具体的操作函数 abc
    void SendStringWithUart(unsigned char *pt)           //定义实现
    {
        abc(); ……        //调用其他操作函数
    }
```

UART.h 头文件中给出了 SendStringWithUart 函数的声明。UART.c 源文件实现了 SendStringWithUart 的功能，通过串口向外发送一个字符串，在此过程中，还需调用本文件中其他更具体的 abc 函数。

项目负责人首先将此源文件添加至 c 工程中，以使编译器能够识别 UART.c 文件。负责人若想发送一个字符串，则直接调用 SendStringWithUart("Hello World")即可。由于 C 语言中要求先声明后调用，因此必须写 extern void SendStringWithUart(unsigned char *pt)，告诉编译器该函数的定义在别的源代码文件中，此时编译器会在此工程中的其他.c 文件搜索 SendStringWithUart 的定义。需要说明是，编译器仅会搜索添加到工程中的.c 文件，因此若想让.c 源文件被工程识别，必须将其加入至该工程内。为提高代码的整洁性，声明函数时可使用文件包含。主调用函数的#include 内容如下：

```
    #include "UART.h"  //或直接写 extern void SendStringWithUart(unsigned char *pt);
    void main()
    {    …
        SendStringWithUart("Hello World");
        …
    }
```

第 3 章　STC12 系列单片机存储器

3.1　引　言

单片机将计算机的基本部件微型化并集成到一块芯片上的计算机，通常片内含有 CPU、ROM、RAM、并行 I/O、串行 I/O、定时器/计数器、中断控制、系统时钟和系统总线。目前单片机已经广泛应用于工业控制、信号采集、家电、军事等领域。

图 3.1　笔记本计算机实物图

图 3.1 和图 3.2 分别为笔记本计算机的实物图和硬件结构框图。各个硬件外设是分开独立的，主板将它们和 CPU 相连，实现相互双向通信。

图 3.2　笔记本计算机硬件结构图

图 3.3 和图 3.4 给出了单片机的实物图和结构框图，其中图 3.4 为传统型 51 系列单片机常见的硬件资源。后来发展的增强型 51 系列单片机集成了更加丰富的硬件外设资源，如 ADC、I^2C、SPI 等。CPU 可以控制各个外设资源，同时也可以读取外设的数据。单片机和 PC 机最大的差别就是硬件外设资源集成在一个芯片内以及硬件速度和资源量都减少很多。例如 51 系列单片机内存 RAM 达到 1 KB 就算比较大了，而目前 PC 的内存 RAM 至少为 4 GB。因此，在单片机程序开发过程中，一定要节省 RAM 的使用。

图 3.3　单片机实物图

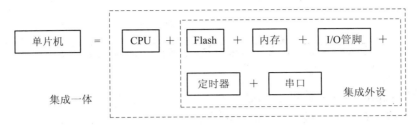

图 3.4　单片机结构框图

51 系列单片机的程序存储器 ROM 和数据存储器 RAM 是各自独立编址的，即都有 0x0000 地址编号。STC12C5A60S2 系列单片机的程序存储器空间已经有 60 KB，无需扩展外部程序存储器，因此取消了外部访问使能信号 $\overline{\text{EA}}$ 和程序存储启用信号 $\overline{\text{PSEN}}$。

3.2　STC12C5A60S2 系列单片机管脚图

图 3.5 为 STC12C5A60S2 系列单片机的 LQFP44 封装管脚图，对于不同封装和管脚数的单片机，其管脚顺序有所差异，使用时要注意区分。

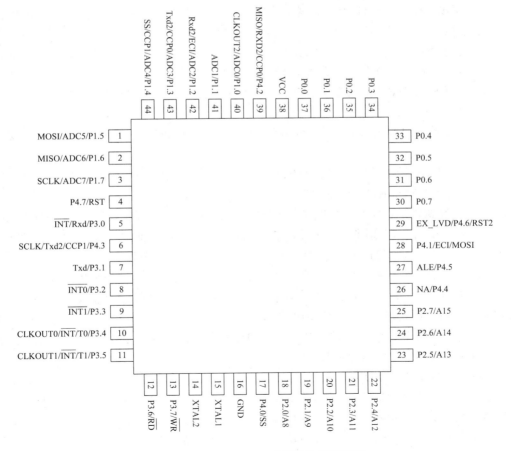

图 3.5　STC12C5A60S2 系列单片机管脚图

3.3　STC12C5A60S2 系列单片机简介

STC12C5A60S2 系列单片机是 STC 生产的单时钟/机器周期(1T)的单片机,是具有高速、低功耗、超强抗干扰功能的新一代 8051 单片机,指令代码完全兼容传统 8051,速度提升了 8～12 倍;内部集成 MAX810 专用复位电路、2 路 PWM、8 路高速 10 位 A/D 转换;可用于电机控制、强干扰场合。STC12C5A60S2 系列单片机具有如下特点:

(1) 增强型的 8051 CPU,1T 单时钟/机器周期,指令代码完全兼容传统 8051。

(2) 宽工作电压。STC12C5A60S2 系列单片机的工作电压为 5.5～3.5 V(5 V 单片机);STC12LE5A60S2 系列单片机的工作电压为 3.6～2.2 V(3 V 单片机)。

(3) 工作频率范围为 0～35 MHz,相当于普通 8051 的 0～420 MHz。

(4) 用户应用程序空间:8 KB、16 KB、20 KB、32 KB、40 KB、48 KB、52 KB、60 KB、62 KB。

(5) 片上集成 1280B 的 RAM。

(6) 通用 I/O 口(36/40/44 个),复位后为准双向口/弱上拉(普通 8051 传统 I/O 口)。可设置成四种模式:准双向口/弱上拉、强推挽/强上拉、高阻输入和开漏。每个 I/O 口的驱动能力均可达到 20 mA,但整个芯片最大不能超过 120 mA。

(7) 支持 ISP(在系统可编程)/ IAP(在应用可编程),无需专用编程器,可通过串口(P3.0/P3.1)直接下载用户程序,数秒即可完成程序更新。

(8) 具有 E^{2}PROM 功能(STC12C5A62S2/AD/PWM 无内部 E^{2}PROM)。

(9) 内置看门狗。

(10) 内部集成 MAX810 专用复位电路(外部晶体在 12 MHz 以下时,复位脚可直接 1 kΩ 电阻到地)。

(11) 具有外部掉电检测电路。在 P4.6 口有一个低压门槛比较器。5 V 单片机为 1.33 V,误差为 ±5%;3.3 V 单片机为 1.31 V,误差为 ±3%。

(12) 时钟源包括:外部高精度晶体/时钟和内部 R/C 振荡器(温漂为 ±5%～±10%)。用户在下载用户程序时,可选择使用内部 R/C 振荡器还是外部晶体时钟作为时钟源。常温下内部 R/C 振荡器频率分别为 11～17 MHz(5.0 V 单片机)和 8～12 MHz (3.3 V 单片机)。精度要求不高时,可选择使用内部时钟,但因为有制造误差和温漂,频率以实测为准。

(12) 具有 4 个 16 位定时器。2 个与传统 8051 兼容的定时器/计数器 T0 和 T1,再加上 2 路 PCA 模块可再实现 2 个 16 位定时器。

(13) 3 个时钟输出口:T0 的溢出在 P3.4/T0 输出时钟,T1 的溢出在 P3.5/T1 输出时钟,独立波特率发生器在 P1.0 口输出时钟。

(14) 7 路外部中断 I/O 口。

(15) 具有 2 路 PWM/PCA。可用来做 2 路 D/A 使用,也可用来实现 2 个定时器,也可用来再实现 2 个外部中断(上升沿中断/下降沿中断均可分别或同时支持)。

(16) 具有 8 路 A/D 转换,10 位精度,转换速度可达 250 KB/s。

(17) STC12C5A60S2 系列有双串口,后缀有 S2 标志的才有双串口。串口的收发管脚分别在 RxD2/P1.2(可通过寄存器设置到 P4.2)和 TxD2/P1.3(可通过寄存器设置到 P4.3)。

(18) 工作温度范围：－40～+85℃(工业级)/0～75℃(商业级)。

3.4　STC12C5A60S2 系列单片机管脚说明

STC12C5A60S2 系列单片机的管脚说明见表 3.1。

表 3.1　STC12C5A60S2 单片机管脚名称

管　脚	管　脚　编　号					说　　　明
	LQFP 44	LQFP 48	DIP 40	PLCC 44	QFN 40	
P0.0～P0.7 AD0～AD7	37～30	40～33	39～32	43～36	34～27	P0：P0 口既可作为输入/输出口，也可作为地址/数据复用总线使用。当 P0 口作为输入/输出口时，P0 是一个 8 位准双向口，内部有弱上拉电阻，无需外接上拉电阻。当 P0 作为地址/数据复用总线使用时，是低 8 位地址线[A0～A7]，数据线的[D0～D7]
P1.0/ADC0/CLKOUT2	40	43	1	2	36	**P10** 标准 I/O 口 PORT1[0]
						ADC0 ADC 输入通道 0
						CLKOUT2 独立波特率发生器的时钟输出可通过设置 WAKE_CLKO[2]位/BRTCLKO 将该管脚配置为 CLKOUT2
P1.1/ADC1	41	44	2	3	37	**P11** 标准 I/O 口 PORT1[1]
						ADC1 ADC 输入通道 1
P1.2/ADC2/ECI/Rxd2	42	45	3	4	38	**P12** 标准 I/O 口 PORT1[2]
						ADC2 ADC 输入通道 2
						ECI PCA 计数器的外部脉冲输入脚
						RxD2 第二串口数据接收端
P1.3/ADC3/CCP0/TxD2	43	46	4	5	39	**P13** 标准 I/O 口 PORT1[3]
						ADC3 ADC 输入通道 3
						CCP0 外部信号捕获、高速脉冲输出及脉宽调制输入
						TxD2 第二串口数据发送端
P1.4/ADC4/CCP1/$\overline{SS}$	44	47	5	6	40	**P14** 标准 I/O 口 PORT1[4]
						ADC4 ADC 输入通道 4
						CCP1 外部信号捕获、高速脉冲输出及脉宽调制输入
						$\overline{SS}$ SPI 同步串行接口的从机选择信号

续表一

管　脚	管　脚　编　号					说　　明	
	LQFP 44	LQFP 48	DIP 40	PLCC 44	QFN 40		
P1.5/ADC5/MOSI	1	2	6	7	1	P15	标准 I/O 口 PORT1[5]
						ADC5	ADC 输入通道 5
						MOSI	SPI 同步串行接口的主出从入(主器件的输出和从器件的输入)
P1.6/ADC6/MISO	2	3	7	8	2	P16	标准 I/O 口 PORT1[6]
						ADC6	ADC 输入通道 6
						MISO	SPI 同步串行接口的主入从出(主器件的输入和从器件的输出)
P1.7/ADC7/SCLK	3	4	8	9	3	P17	标准 I/O 口 PORT1[6]
						ADC7	ADC 输入通道 7
						SCLK	SPI 同步串行接口的时钟信号
P2.0～P2.7 A8～A15	18～25 26～28	19～23 26～28	21～28	24～31	16～23	Port2: P2 口内部有上拉电阻,既可作为输入/输出口,也可作为高 8 位地址总线使用(A8～A15)。当 P2 口作为输入/输出口时,P2 是一个 8 位准双向口	
P3.0/RxD	5	6	10	11	5	P30	标准 I/O 口 PORT3[0]
						RxD	串口 1 数据接收端
P3.1/TxD	7	8	11	13	6	P31	标准 I/O 口 PORT3[1]
						TxD	串口 1 数据发送端
P3.2/$\overline{INT0}$	8	9	12	14	7	P32	标准 I/O 口 PORT3[2]
						$\overline{INT0}$	外部中断 0,下降沿中断或低电平中断
P3.3/$\overline{INT1}$	9	10	13	15	8	P33	标准 I/O 口 PORT3[3]
						$\overline{INT1}$	外部中断 1,下降沿中断或低电平中断
P3.4/T0/$\overline{INT}$/CLKOUT0	10	11	14	16	9	P34	标准 I/O 口 PORT3[4]
						T0	计数器 0 的外部脉冲输入
						$\overline{INT}$	管脚下降沿置 TF0=1
						CLKOUT0	定时器/计数器 0 的时钟输出
P3.5/T1/$\overline{INT}$//CLKOUT1	11	12	15	17	10	P35	标准 I/O 口 PORT3[5]
						T1	计数器 1 的外部脉冲输入
						$\overline{INT}$	管脚下降沿置 TF1=1
						CLKOUT1	定时器/计数器 1 的时钟输出
P3.6/$\overline{WR}$	12	13	16	18	11	P36	标准 I/O 口 PORT3[6]
						$\overline{WR}$	外部数据存储器写脉冲

续表二

管　脚	管　脚　编　号					说　　明	
	LQFP 44	LQFP 48	DIP 40	PLCC 44	QFN 40		
P3.7/$\overline{RD}$	13	14	17	19	12	P37	标准 I/O 口 PORT3[7]
						$\overline{RD}$	外部数据存储器读脉冲
P4.0/$\overline{SS}$	17	18		23		P40	标准 I/O 口 PORT4[0]
						$\overline{SS}$	SPI 同步串行接口的从机选择信号
P4.1/ECI/MOSI	28	31		34		P41	标准 I/O 口 PORT4[1]
						ECI	PCA 计数器的外部脉冲输入脚
						MOSI	SPI 同步串行接口的主出从入
P4.2/CCP0/MISO	39	42		1		P42	标准 I/O 口 PORT4[2]
						CCP0	外部信号捕获、高速脉冲输出及脉宽调制输出
						MISO	SPI 同步串行接口的主入从出
P4.3/CCP1/SCLK	6	7		12		P43	标准 I/O 口 PORT4[3]
						CCP1	外部信号捕获、高速脉冲输出及脉宽调制输出
						SCLK	SPI 同步串行接口的时钟信号
P4.4/NA	26	29	29	32	24	P44	标准 I/O 口 PORT4[4]
P4.5/ALE	27	30	30	33	25	P45	标准 I/O 口 PORT4[5]
						ALE	地址锁存允许
P4.6/EX_LVD/RST2	29	32	31	35	26	P46	标准 I/O 口 PORT4[6]
						EX_LVD	外部低压检测中断/比较器
						RST2	第二复位功能脚
P4.7/RST	4	5	9	10	4	P47	标准 I/O 口 PORT4[7]
						RST	复位脚
P5.0			24			P50	标准 I/O 口 PORT5[0]
P5.1			25			P51	标准 I/O 口 PORT5[1]
P5.2			48			P52	标准 I/O 口 PORT5[2]
P5.3			1			P53	标准 I/O 口 PORT5[3]
XTAL1	15	16	19	21	14		内部时钟电路反相放大器输入端，接外部晶振的一个引脚。当直接使用外部时钟源时，此引脚是外部时钟源的输入端
XTAL12	14	15	18	20	13		内部时钟电路反相放大器的输出端，接外部晶振的另一端。当直接使用外部时钟源时，此引脚可浮空，此时 XTAL2 实际将 XTAL1 输入的时钟进行输出
VCC	38	41	40	44	35		电源正极
GND	16	17	20	22	15		电源负极，接地

3.5 程序存储器

程序存储器用于存放用户程序、参数数据和固定数据表格等信息。STC12C5A60S2 系列单片机内部集成了 8～62 KB 的程序 Flash 存储器。STC12C5A60S2 系列单片机的程序 Flash 存储器的地址如图 3.6 所示。不同型号的单片机，其 Flash 存储器的大小不同，但起始地址都是 0x0000。另外中断服务程序的入口地址(又称中断向量)也位于程序存储器单元。在程序存储器中，每个中断源都有一个固定的入口地址，当中断发生并得到响应后，单片机就会自动跳转到相应的中断入口地址去执行程序。例如外部中断 0 的中断服务程序的入口地址是 0003～000AH，共 8 个字节，一般情况下无法保存完整的外部中断 0 服务程序。因此，Keil C51 编译器一般在中断响应的地址区域存放一条无条件转移指令，指向真正存放中断服务程序的程序空间去执行。中断服务程序本身也是一个函数，该函数实现了当产生中断事件时要处理的事情。图 3.7 给出了外部中断 0 服务程序的执行过程，假设程序编译后，各程序的存储位置及入口地址如图中所示。main 函数轮询任务时，假设在某个程序点处发生外部中断 0 事件。首先 CPU 跳转至外部中断 0 的入口地址 0x0003 处，其次又跳转至外部中断 0 服务程序的入口地址，执行服务程序执行完成后再逐个返回至 main 函数的断点处继续执行 main 函数。程序 Flash 存储器可在线反复编程擦写 10 万次以上，提高了使用的灵活性和方便性。

图 3.6 STC12C5A60S2 单片机程序存储器

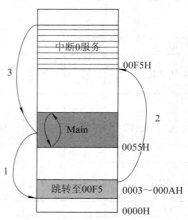

图 3.7 中断 0 服务程序跳转示意图

3.6 数据存储器

3.6.1 内部 RAM

内部 RAM 共有 256 个字节，可分为 3 个部分：低 128 字节 RAM(与传统 8051 兼容)、高 128 字节 RAM 及特殊功能寄存器区，如图 3.8 所示。

低 128 字节 RAM 也称通用 RAM 区。通用 RAM 区又可分为工作寄存器组区、可位寻址区和用户 RAM 区，如图 3.9 所示。工作寄存器组区地址为 00H～1FH 共 32B(字节)，可分为 4 组(每一组称为一个寄存器组)，每组包含 8 个 8 位的工作寄存器，编号均为 R0～R7，但属于不同的物理空间。工作寄存器组作为 CPU 运算过程中数据和指令的存放单元，如果 CPU 用一个计算器来执行计算任务，当改变计算任务时，需要把原来的计算结果保存起来(即压栈)，转去执行另一个计算任务。4 组通用寄存器就像给 CPU 四台计算器，切换计算任务时，仅需换寄存器组而不用压栈和出栈，相当于用另外一台计算器来执行新的计算任务。通过使用工作寄存器组，可以提高响应速度和函数跳转返回的速度。51 单片机采用这样的设计来完成函数调用和在调用中断函数时只需简单更换工作组，就可以快速跳转。

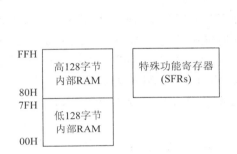

图 3.8　内部 RAM 地址范围　　　　图 3.9　低 128 字节内部 RAM 功能区划分

STC12C5A60S2 系列单片机为 8 位系统，内存和特殊功能寄存器均按字节进行编号，每个字节有 8 位。可位寻址区的 RAM 中每一个字节位也被重新编号，这样就可以访问该区域内任何一位的信息。

3.6.2　外部扩展 RAM

图 3.10 给出了利用 74HC573 和 EK62512 进行并行总线扩展外部 64 KB SRAM 的应用

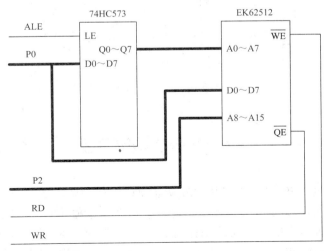

图 3.10　外部扩展 8 位 64KB SRAM 应用线路图

线路图，74HC573 相当于并行开关，在 LE 管脚的控制下导通(前周期)与断开(后周期)。EK62512 为 8 位 64 KB 的 SRAM，将内存扩展到极限，采用了 16 位地址线。P0 口既是地址线又是数据线，P2 口为地址线的高 8 位。在 ALE 的前周期，P0 和 P2 组合成 16 位地址线，对 RAM 进行寻址；在 ALE 的后周期，在 RD 或 WR 信号的作用下，单片机即可读出或写入数据至 RAM 中。只要操作的数据是外部 RAM 中的，ALE、P0、P2、RD 和 WR 信号线之间的触发时序完全由单片机内部硬件自动控制。

3.6.3　内部扩展 RAM

STC12C5A60S2 系列单片机片内除了集成 256 字节的内部 RAM 外，还集成了 1024 字节的扩展 RAM，地址范围是 0000H～03FFH，如图 3.11 所示。访问内部扩展 RAM 的方法和传统 8051 单片机访问外部扩展 RAM 的方法相同，但是不影响 P0 口、P2 口、P3.6(WR)、P3.7(RD)和 ALE。在 C 语言中，可使用 xdata 声明存储类型，如 "unsigned char xdata i=0；"，此时 i 被分配到扩展 RAM 中。如果同时外部扩展了 RAM，则可以对单片机进行配置，决定是否使用内部扩展的 1024 字节内存。若 AUXR.EXTRAM=0(默认)，则使用内部扩展内存，但外部扩展 RAM 的 0x0000～0x03FF 地址将无法使用；若 AUXR.EXTRAM=1，则忽略内部扩展 RAM，只能使用外部扩展 RAM。

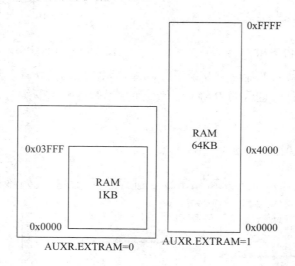

图 3.11　内存扩展地址

3.7　特殊功能寄存器

特殊功能寄存器(SFR)是用来对片内各功能模块进行管理、控制、监视的控制寄存器和状态寄存器，地址与高 128 字节 RAM 重合，但物理上是独立的，可以采用不同的方式进行区分。51 系列单片机内的特殊功能寄存器(SFR)与内部高 128 字节 RAM 共用相同的地址范围，即 80H～FFH，如图 3.8 所示。在 C 语言中，我们使用不同的关键词进行地址类型说明，从而使用各自的访问方式进行读写，"sfr P0=0x80；"表示用 P0 符号表示 0x80 处的寄存器。STC12C5A60S2 系列单片机的部分特殊功能寄存器名称及地址映象由表 3.2 给出，不同型号，寄存器数量有差异，传统型 51 单片机仅有 21 个特殊功能寄存器。具体作用在后面相应章节介绍，更多寄存器的介绍，可参考宏晶科技的芯片手册。每个特殊功能寄存器为 8 位，可以进行字节访问。某些特殊寄存器的每一个位信息也可以被直接访问，称为可位寻址寄存器。特殊功能寄存器的地址编号能够被 8 整除的为可位寻址寄存器，即地址编号末尾为 8H 或 0H。

表 3.2　特殊功能寄存器名称与地址映象

符号	描述	地址								复位值
P0	Port0	80H	P07	P06	P05	P04	P03	P02	P01	P00	1111 1111
SP	堆栈指针	81H								0000 0111
DPL	数据指针									0000 0000
DPH	数据指针									0000 0000
………

第 4 章　时钟、复位和低功耗

4.1　时　钟　源

　　STC12C5A60S2 系列单片机是 1 TB 的 8051 单片机，外设时钟兼容传统 8051 单片机，但 CPU 时钟不再 12 分频。STC12C5A60S2 系列单片机有两个时钟源：内部 R/C 振荡时钟和外部晶体时钟。出厂标准配置是使用外部晶体或时钟。芯片内部的 RC 振荡器在 5 V 单片机常温下频率是 11～17 MHz，在 3 V 单片机常温下的频率是 8～12 MHz。因为随着温度的变化，内部 RC 振荡器的频率会有一些温漂，再加上制造误差，故内部 RC 振荡器只适用于对时钟频率要求不敏感的场合。图 4.1 给出了 STC12C5A60S2 系列单片机定时器和串口的时钟树，增强型单片机的定时器和串口对输入时钟频率进行 12 分频，其他外设时钟源为系统时钟(即 CPU 时钟)。

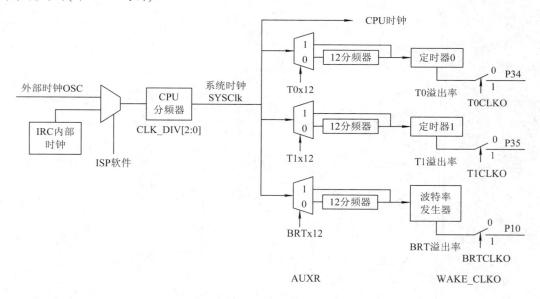

图 4.1　STC12C5A60S2 系列单片机时钟树

　　STC12C5A60S2 系列单片机时钟源只能在 ISP 下载用户程序时进行选择，如图 4.2 所示。若选择外部时钟作为时钟源，程序下载完成后，再次冷启动时必须有外部时钟。外部时钟可以是晶体振荡器产生的时钟(接在 XTAL1 和 XTAL2 管脚)，也可以直接从 XTAL1 管脚输入外部时钟源，XTAL2 脚悬空。输入的时钟经过一个分频器，得到 CPU 使用的系统时钟 SYSclk，串口、定时器等外设的时钟可以选择是否再进行 12 分频。外部时钟输入电路如图 4.3 和图 4.4 所示，给出了无源晶振和外部时钟(有源晶振)的应用电路。

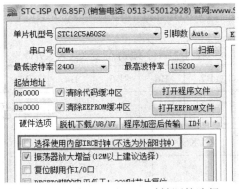

图 4.2　STC12C5A60S2 时钟源的选择

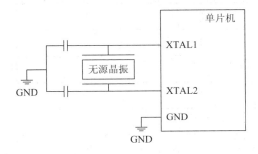

图 4.3　无源晶振电路

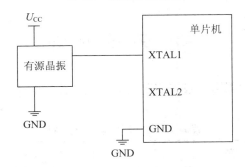

图 4.4　有源晶振电路

传统 51 系列单片机有晶振时钟、系统时钟和机器时钟三个概念，其三者对应的关系如图 4.5 所示，晶振时钟频率和系统时钟频率相同，将系统时钟进行 12 分频后，得到机器时钟，CPU 与单片机的外设时钟源都是机器时钟。而增强型 STC 单片机的 CPU 时钟与系统时钟相同，不进行 12 分频，因此计算速度大大得到了提高。

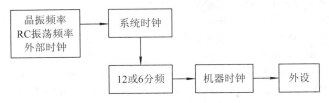

图 4.5　传统 51 单片机的时钟源关系

增强型 STC 系列 51 单片机增加了一个 CPU 时钟分频寄存器，可以设置对时钟源的适当分频，如表 4.1 所示。

表 4.1 分频寄存器 CLK_DIV

寄存器名	地址	位	B7	B6	B5	B4	B3	B2	B1	B0
CLK_DIV	97H	位名	—	—	—	—	—	CLKS2	CLKS1	CLKS0

CLKS2	CLKS1	CLKS0	分频数
0	0	0	不分频，默认
0	0	1	2
0	1	0	4
0	1	1	8
1	0	0	16
1	0	1	32
1	1	0	64
1	1	1	128

4.2 外设时钟

通过配置 AUXR 寄存器可以设置定时器 0、定时器 1 和波特率发生器的时钟频率，如表 4.2 所示。

表 4.2 辅助寄存器 AUXR

辅助寄存器	地址	位	B7	B6	B5～B3	B2	B1 B0
AUXR	8EH	位名	T0x12	T1x12	…	BRTx12	…
T0x12	0：系统时钟 12 分频作为定时器 0 的输入时钟，默认 1：系统时钟不分频，直接输入定时器 0						
T1x12	0：系统时钟 12 分频作为定时器 1 的输入时钟，默认 1：系统时钟不分频，直接输入定时器 1						
BRTx12	0：系统时钟 12 分频作为波特率发生器的输入时钟，默认 1：系统时钟不分频，直接输入波特率发生器						

通过配置 WAKE_CLK 寄存器，可以设置 P10、P34 和 P35 管脚是否输出特定时钟，关于波特率、定时器的工作方式将在后面章节中介绍。

表 4.3　唤醒与时钟输出寄存器 WAKE_CLK

唤醒与时钟输出 寄存器	地址	位	B7～B3	B2	B1	B0
WAKE_CLK	8FH	位名	…	BRTCLKO	T1CLKO	T0CLKO
BRTCLKO	波特率溢出时钟输出允许位 0：不允许将 P1.0 配置为独立波特率发生器溢出率的时钟输出 1：允许将 P1.0 配置为独立波特率发生器溢出率的时钟输出。输出频率=溢出率/2					
T1CLKO	T1 溢出时钟输出允许位 0：不允许将 P3.5/T1 脚配置为定时器 T1 的溢出时钟输出 CLKOUT1 1：允许将 P3.5/T1 脚配置为定时器 T1 的溢出时钟输出 CLKOUT1，此时定时器 T1 只能工作在模式 2(8 位自动重装模式)，CLKOUT1 输出时钟频率 = T1 溢出率/2					
T0CLKO	T0 溢出时钟输出允许位 0：不允许将 P3.4/T0 脚配置为定时器 T0 的溢出时钟输出 CLKOUT0 1：允许将 P3.4/T0 脚配置为定时器 T1 的溢出时钟输出 CLKOUT0，此时定时器 T0 只能工作在模式 2(8 位自动重装模式)，CLKOUT0 输出时钟频率 = T0 溢出率/2					

4.3　复　　位

STC12C5A60S2 系列单片机有 4 种复位方式：外部 RST 引脚复位和上电复位、外部低压检测复位、看门狗复位、软件复位。

4.3.1　外部 RST 引脚复位和上电复位

外部 RST 引脚复位就是从外部向 RST 引脚施加一定时间宽度的高电平复位脉冲，从而实现单片机的复位。P4.7/RST 管脚出厂时被配置为 RST 复位管脚，要将其配置为 I/O 口，需在 STC-ISP 编程器中进行设置，如图 4.6 所示。如果 P4.7/RST 未在 STC-ISP 编程器中被设置为 I/O 口，那么 P4.7/RST 就是芯片复位脚。将 RST 复位管脚拉高电平并维持至少 24 个时钟加 10 μs 后，单片机会进入复位状态，RST 复位管脚变低电平后，单片机结束复位状态并从用户程序区的 0000H 处开始正常工作，即高电平复位。

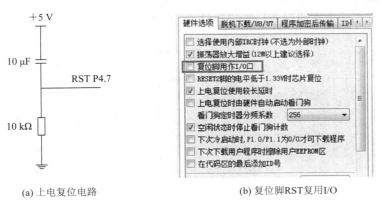

(a) 上电复位电路　　　　　　　　(b) 复位脚RST复用I/O

图 4.6　RST 管脚电路与配置

由图 4.6 可以看出，上电时通过电阻对电容充电，RST 管脚电平维持高电平，单片机进入复位状态。充电结束后，RST 为低电平，复位状态结束。

4.3.2　外部低压检测复位

STC12C5A60S2 系列单片机新增了第二复位功能脚(可以不用)，引脚电压低于门槛电压时，由单片机复位。5 V 单片机内部监测门槛电压是 1.33 V(± 5%)，3 V 单片机内部监测门槛电压是 1.31 V (±3%)。通过 2 个电阻分压，可实现外部可调复位门槛电压。低压复位管脚需在 STC-ISP 编程器中进行设置，如图 4.7 所示。外部低压监测电路如图 4.8 所示。

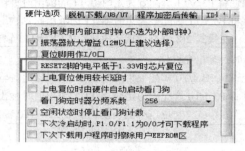

图 4.7　第二复位脚的设置

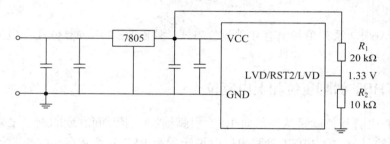

图 4.8　外部低压监测复位电路

图 4.8 中，稳压块 7805 后端的直流电压是 5 V，下降到 4 V 附近时，电阻 R_1 和 R_2 将 4 V 附近的电压分压到低于低压检测门槛电压(1.33 V 附近)，此时第二复位功能脚 RST2 使得 CPU 处于复位状态。当稳压块 7805 后端的直流电压升至 4 V 以上时，电阻 R_1 和 R_2 将 4 V 的电压分压到高于低压检测门槛电压(1.33 V 附近)，单片机解除复位状态，恢复到正常工作状态。

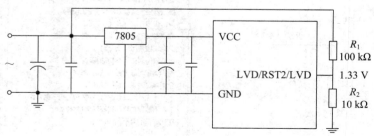

图 4.9　低压监测比较电路

STC12C5A60S2 系列单片机在 P4.6 口增加了外部低压检测比较功能，可产生中断。这样用户可以用查询方式或中断方式检查外部电压是否偏低，应用电路如图 4.9 所示。当外部供电电压过低而无法保证单片机正常工作时，可以利用单片机的外部低压检测功能来保护现场数据。当保护完成后，单片机将查询 LVDF 电源状态标识位，直到正常。上电复位后外部低压检测标志位(LVDF/PCON.5)置 1，需由软件来清零(注意该位不可位寻址)，见表 4.4。建议清零后，再读一次看该位是否为零，为零才表示 P4.6 口的外部电压高于检测门槛电压。如果交流电压为 220 V，稳压块 7805 前端的直流电压是 11 V，那么当交流电压降到 160 V 时，稳压块 7805 前端的直流电压是 8.5 V，图 4.9 中的电阻 R_1 和 R_2 将 8.5 V 的电压分压到低于低压检测门槛电压。此时 CPU 可以用查询方式查询电压标志位，推荐使用中断方式，在中断服务程序中，将标志位 LVDF 清零后，再读取 LVDF 位，如果为 0，则认为是电源抖动；如果为 1，则认为电源掉电，应立即进行保存现场数据的工作。现场保存完成后，将 LVDF 位清零，再读取 LVDF 位的值，如果为 0，则认为电源系统恢复正常，此时 CPU 可恢复正常工作；如果为 1，则继续将 LVDF 位清零，再读取 LVDF 位的值。用此方法，直到电源恢复正常或电源彻底掉电。若采用中断方式处理，则需使能低压检测中断，中断位 IE.ELVD 属于 IE 寄存器。

表 4.4　电源控制寄存器

寄存器	地址	位	B7	B6	B5	B4	B3	B2	B1	B0
PCON	87H	位名	SMOD	SMOD0	**LVDF**	**POF**	GF1	GF0	PD	IDL
LVDF		低压检测标志位 1：工作电压低于设置的门槛电压，需软件清零；清零后，若工作电压继续低于低压检测门槛电压，则该位又会自动置 1 0：工作电压高于低压检测门槛电压								
POF		复位标志位 1：上电复位(即冷启动) 0：外部手动复位、看门狗复位、软件复位或外部低压检测复位(即热启动)								

4.3.3　看门狗复位

在工业控制、汽车电子、航空航天等需要高可靠性的系统中，系统在异常情况下受到干扰时，导致系统长时间异常工作。为了防止 MCU/CPU 程序跑飞，通常引进看门狗。如果 MCU/CPU 在规定的时间内未按要求访问看门狗和清零看门狗计数器，看门狗计数器就会溢出，并强迫 MCU/CPU 复位，使系统重新启动，恢复正常的用户程序执行流程。STC12C5A60S2 系列单片机内部也增加了看门狗外设，使单片机系统可靠性设计变得更加方便、简洁。为实现此功能，增加了如表 4.5 所示的看门狗特殊功能寄存器 WDT_CONTR。

表 4.5　看门狗控制寄存器 WDT_CONTR

寄存器	地址	位	B7	B6	B5	B4	B3	B2	B1	B0
WDT_CONTR	C1H	位名	**WDT_FLAG**		**EN_WDT**	**CLR_WDT**	**IDLE_WDT**	**PS2**	**PS1**	**PS0**
WDT_FLAG	看门狗计数器溢出标志位。当溢出时，该位由硬件自动置 1，可用软件清零									
EN_WDT	看门狗使能位 1：看门狗计数器启动 0：禁止看门狗									
CLR_WDT	看门狗计数清零位 1：看门狗计数器清零，硬件自动清零此位									
IDLE_WDT	看门狗空闲模式 1：在空闲模式时，看门狗计数 0：在空闲模式时，看门狗停止计数									
PS2,PS1,PS0	看门狗计数器预分频值 000：2 001：4 010：8 011：16 100：32 101：64 110：128 111：256									

看门狗溢出时间 = (12 × 预分频值 × 32768)/输入时钟频率，假设输入时钟频率为 22.1184 MHz，表 4.6 给出了不同预分频值所对应的看门狗溢出时间，即最短喂狗时间。

表 4.6　看门狗溢出时间

PS2	PS1	PS0	预分频值	溢出时间 (输入时钟为 22.1184 MHz)
0	0	0	2	35.55 ms
0	0	1	4	71.1 ms
0	1	0	8	142.2 ms
0	1	1	16	284.4 ms
1	0	0	32	568.8 ms
1	0	1	64	1.1377 s
1	1	0	128	2.2755 s
1	1	1	256	4.5511 s

4.3.4　软件复位

用户应用程序在运行过程当中，有时会有特殊需求，需要单片机系统软复位(热启动之一)。传统的 8051 单片机硬件不支持此功能，而 STC 新推出的增强型 8051 根据客户要求增加了 IAP_CONTR 特殊功能寄存器，从而实现了此功能。用户只需简单控制 IAP_CONTR 特殊功能寄存器的其中两位 SWBS/SWRST 就可以系统复位了。表 4.7 给出了软件系统复位的形式。

表 4.7　ISP/AP 控制寄存器 IAP_CONTR

寄存器	地址	位	B7	B6	B5	B4	B3	B2	B1	B0
IAP_CONTR	C7H	位名	IAPEN	SWBS	SWRST	CMD_FAIL	—	WT2	WT1	WT0
IAPEN	ISP/IAP 功能使能位 0：禁止 IAP 读/写 Flash/E^{2}PROM 1：允许 IAP 读/写 Flash/E^{2}PROM									
SWBS	复位启动区域选择 0：应用程序 AP 区域启动 1：ISP 区域启动									
SWRST	系统软件复位 0：无动作 1：产生软件系统复位，硬件自动清零									
CMD_FAIL	IAP 读/写 Flash/E^{2}PROM 失败触发位 1：对 IAP_TRIG 送 5AH/A5H 触发失败，需软件清零，详见 Flash/E^{2}PROM 编程									
WT2,WT1,WT0	设置 Flash/E^{2}PROM 读/写操作等待的 CPU 时钟数，详见 Flash/E^{2}PROM 编程									

STC 系列单片机可以通过 ISP(在系统可编程)/IAP(在应用可编程，特定型号)下载程序，无需专用编程器和专用仿真器，可通过串口(P3.0/P3.1)直接下载用户程序，数秒即可完成。STC 单片机的启动区域有两个，一个是 ISP 区域，一个是 AP 应用程序区。上电启动时，单片机从 ISP 区启动，ISP 区的内置程序监控串口是否有合法的下载命令流。如果监控到合法的下载命令流，就会将单片机 HEX 程序文件下载入单片机的 AP 程序区，然后从 AP 区运行程序。

4.4　冷启动与热启动

根据单片机重新启动的方式，可将其分为冷启动和热启动两种类型。表 4.8 给出了单片机的复位类型和复位后的启动区域。

表 4.8　系统复位类型

复位类型	复位源	现象
热启动复位	内部看门狗复位	会使单片机直接从用户程序 AP 区 0000H 处开始执行用户程序
	通过控制 RESET 脚产生的硬复位	会使系统从用户程序 AP 区 0000H 处开始直接执行用户程序
	通过对 IAP_CONTR 寄存器送入 20H 产生的软复位	会使系统从用户程序 AP 区 0000H 处开始直接执行用户程序
	通过对 IAP_CONTR 寄存器送入 60H 产生的软复位	会使系统从系统 ISP 监控程序区开始执行程序，检测不到合法的 ISP 下载命令流后，会软复位到用户程序 AP 区执行用户程序
冷启动复位	系统停电后再上电引起的硬复位	会使系统从系统 ISP 监控程序区开始执行程序，检测不到合法的 ISP 下载命令流后，会软复位到用户程序 AP 区执行用户程序

4.5　STC12C5A60S2 系列单片机的省电模式

　　STC12C5A60S2 系列单片机可以运行三种省电模式以降低功耗，分别是：空闲模式、低速模式和掉电模式。正常工作模式下，STC12C5A60S2 系列单片机的典型功耗是 2～7 mA，掉电模式下的典型功耗小于 0.1 μA，而空闲模式下的典型功耗小于 1.3 mA。低速模式由时钟分频器 CLK_DIV 控制，而空闲模式和掉电模式由电源控制寄存器 PCON 的相应位控制。表 4.9 给出了掉电和空闲模式进入控制位，表 4.10 给出了系统唤醒方式。

表 4.9　电源控制寄存器 PCON

寄存器	地址	位	B7	B6	B5	B4	B3	B2	B1	B0
PCON	87H	位名	SMOD	SMOD0	LVDF	POF	GF1	GF0	**PD**	**IDL**
PD	掉电模式/停机模式控制位 设置为 1，单片机将进入 Power Down(掉电)模式(掉电模式也叫停机模式)									
IDL	空闲模式控制位 设置为 1，单片机将进入 IDLE(空闲)模式									

表 4.10　唤醒与时钟输出寄存器 WAKE_CLK

符号	地址	位	B7	B6	B5	B4	B3
WAKE_CLK	8FH	位名	PCAWAKEUP	RXD_PIN_IE	T1_PIN_IE	T0_PIN_IE	LVD_WAKE
PCAWAKEUP	在掉电模式下，是否允许 PCA 上升沿/下降沿中断唤醒 Power Down 0：禁止 PCA 上升沿/下降沿中断唤醒 Power Down 1：允许 PCA 上升沿/下降沿中断唤醒 Power Down						
RXD_PIN_IE	掉电模式下，允许 P3.0(RXD)下降沿置 RI，也能使 RXD 唤醒 Power Down 0：禁止 P3.0(RXD)下降沿置 RI，也禁止 RXD 唤醒 Power Down 1：允许 P3.0(RXD)下降沿置 RI，也允许 RXD 唤醒 Power Down						
T1_PIN_IE	掉电模式下，允许 T1/P3.5 脚下降沿置 T1 中断标志，也能使 T1 脚唤醒 Power Down 0：禁止 T1/P3.5 脚下降沿置 T1 中断标志，也禁止 T1 脚唤醒 Power Down 1：允许 T1/P3.5 脚下降沿置 T1 中断标志，也允许 T1 脚唤醒 Power Down						
T0_PIN_IE	掉电模式下，允许 T0/P3.4 脚下降沿置 T0 中断标志，也能使 T0 脚唤醒 Power Down 0：禁止 T0/P3.4 脚下降沿置 T0 中断标志，也禁止 T0 脚唤醒 Power Down 1：允许 T1/P3.4 脚下降沿置 T0 中断标志，也允许 T0 脚唤醒 Power Down						
LVD_WAKE	掉电模式下，是否允 EX_LVD/P4.6 低压检测中断唤醒 CPU 0：禁止 EX_LVD/P4.6 低压检测中断唤醒 CPU 1：允许 EX_LVD/P4.6 低压检测中断唤醒 CPU						

1．掉电模式/停机模式

进入掉电模式后，内部时钟停振，由于无时钟源，CPU、定时器、看门狗、A/D 转换器、串行口等停止工作，外部中断继续工作。如果允许低压检测电路产生中断，则低压检测电路仍可继续工作，否则将停止工作。进入掉电模式后，所有 I/O 口、SFRs(特殊功能寄存器)保持进入掉电前的状态不变。

有两种方式可以将 CPU 从掉电模式中唤醒：第一种是外部管脚中断，能够唤醒的管脚有 $\overline{INT0}$/P3.2、$\overline{INT1}$/P3.3、INT/T0/P3.4、INT/T1/P3.5、INT/TxD/P3.0；另外一种是外部 RST 管脚唤醒，复位唤醒后的 MCU 将从用户程序的 0000H 处开始正常工作。

2．空闲模式

在空闲模式下，仅 CPU 时钟停止工作，外部中断、外部低压检测电路、定时器、A/D 转换器、串行口等时钟仍正常运行；RAM、堆栈指针(SP)、程序计数器(PC)、程序状态字 (PSW)、累加器(A)等寄存器都保持原有数据，I/O 口逻辑状态不变；单片机的所有外围设备都能正常运行(除 CPU 无时钟不工作外)。当产生任何一个中断时，都可以将单片机唤醒，单片机被唤醒后，CPU 将继续执行进入空闲模式语句的下一条指令。

有两种方式可以退出空闲模式：一种是产生一个中断，引起 IDL/PCON.0 被硬件清除，从而退出空闲模式；另一个是复位外部 RST 引脚，使复位脚电平拉高，产生复位。这种拉高复位引脚电平来产生复位的信号源需要保持 24 个时钟加上 10 μs，才能产生复位，再将 RST 引脚拉低，结束复位，单片机从用户程序的 0000H 处开始正常工作。

4.6　低功耗应用实例

　　按下外部中断按钮，外部中断唤醒休眠中的单片机，工作指示灯 LED 亮 1 s，然后继续休眠，LED 灯灭。应用程序如下：

```c
#include <STC12C5A60S2.H>
#include <intrins.h>

sbit INT1=P3^3;
sbit INT0=P3^2;

void delay1s(void)      //误差为 0.000000000112 μs @22.1184 MHz
{
    unsigned char a,b,c,n;
    for(c=169;c>0;c--)
            for(b=228;b>0;b--)
                    for(a=142;a>0;a--);
    for(n=2;n>0;n--);
}

//External interrupt0 service routine
void exint0() interrupt 0
{
}

//External interrupt0 service routine
void exint1() interrupt 1
{
}

void main()
{
    IT0 = 1;    //设置外部中断为触发方式 (1：下降沿触发；0：低电平触发；默认触发方式)
    EX0 = 1;
        EX1 = 1;
     //enable INT0 interrupt
    EA = 1;     //打开中断总开关

    while (1)
    {
```

```
        INT0 = 1;                    //释放 INT0
        INT1 = 1;                    //释放 INT1
    while (!INT0);                   //检查 INT0，按下为低电平
        while (!INT1);               //检查 INT1
    _nop_();
    _nop_();
    PCON = 0x02;                     //MCU 进入掉电模式
    _nop_();
    _nop_();
    if(INT0==0)                      //外部中断 0 唤醒的
            P0=1;
        else                         //外部中断 1 唤醒的
            P0=2;
    delay1s();
    P0=0;
    }
}
```

第 5 章　单片机开发环境的搭建

5.1　单片机与 Windows 应用程序开发流程

　　单片机与 Windows 应用程序开发过程的相同点都是使用 Windows 操作系统和 Windows 环境下的软件。两者的不同点是 Windows 应用程序生成的可执行.exe 文件在 Windows 系统中运行，而 Keil C51 生成的可执行.HEX 文件在单片机系统中运行。因此，单片机程序开发结束后，必须将.HEX 文件下载或烧写至单片机的 Flash 存储器中保存并运行。图 5.1 给出了两种运行环境下的开发流程示意图。

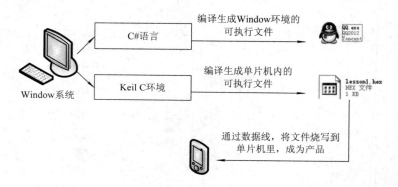

图 5.1　Window 程序与单片机开发过程示意图

5.2　Keil 开发应用工具

　　Keil 公司是一家业界领先的微控制器(MCU)软件开发工具的独立供应商，它由两家私人公司联合运营，分别是德国慕尼黑的 Keil Elektronik GmbH 和美国德克萨斯的 Keil Software Inc。Keil 公司制造和销售种类广泛的开发工具，包括 ANSI C 编译器、宏汇编程序、调试器、连接器、库管理器、固件和实时操作系统核心(real-time kernel)。有超过 10 万名微控制器开发人员在使用这种得到业界认可的解决方案。其 Keil C51 编译器自 1988 年引入市场以来成为事实上的行业标准，并支持超过 500 种 8051 变种。

　　Keil 公司在 2005 年被 ARM 公司收购，2013 年 10 月，Keil 正式发布了 Keil μVision5 IDE (Integrated Development Environment，集成开发环境)，更多详情请阅读 http://www.keil.com/，最新软件请关注官网，试用版 Keil C 有 2 KB 代码量的限制。

安装完成后，运行 Keil C 快捷方式图标，启动 Keil C IDE。

(1) 新建 Version5 工程，如图 5.2 所示。

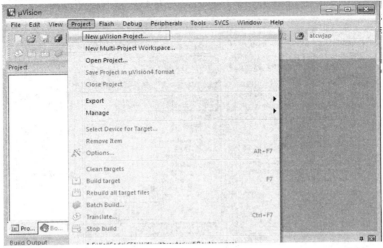

图 5.2　新建工程 Project

(2) CPU 型号的选择如图 5.3 所示。STC 单片机是国内宏晶科技的产品，在 CPU 设备库中没有 STC 系列单片机，在开发 STC 系列单片机应用程序时，只需选择一款 Toolset 是 C51 的型号即可。

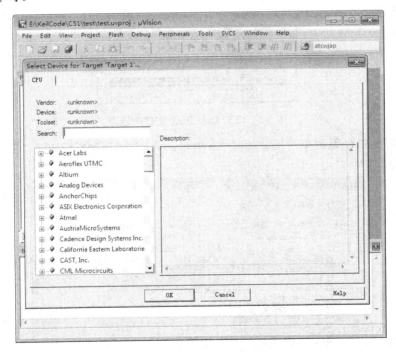

图 5.3　CPU 型号的选择

针对这个问题，STC 宏晶科技公司对 Keil C IDE 进行了扩展。首先到 STC 官网 http://www.stcmcu.com/下载 STC-ISP 下载编程烧录软件，这个软件在开发过程中也是必须使用的，运行软件，如图 5.4 所示。按以下步骤选择：单击 Keil 仿真设置、添加型号和头文件、选择 Keil 的安装目录并确定，即可将 STC 系列单片机型号添加至 Keil 的单片机库中。

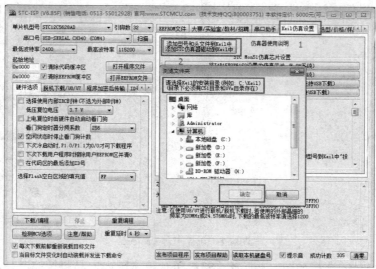

图 5.4　STC 系列单片机型号的导入

重新新建工程，弹出"Select a CPU Data Base File"文件对话框，选择"STC MCU Database"，如图 5.5 所示。

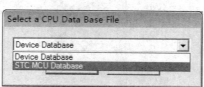

图 5.5　CPU Data Base 文件的选择

此时出现了 STC 系列单片机，如图 5.6 所示。选择"STC89C52RC"，右边列出了该型号的硬件资源。

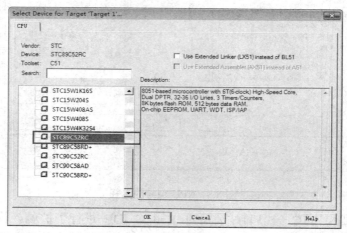

图 5.6　STC 单片机型号的选择

（3）单击"OK"按钮后，软件弹出询问是否将标准 51 初始化 STARTUP.A51 文件拷贝到工程目录中，如图 5.7 所示。若选择"是"，软件会自动把 A51 文件复制到工程目录，同时添加到工程应用中。为了保证 A51 文件不被错误修改，在这里一般选"否"，不过 Keil软件在编译程序时，A51 仍然参与编译。

图 5.7　标准启动代码的添加提示

至此，一个空的工程就新建完成了，如图 5.8 所示。

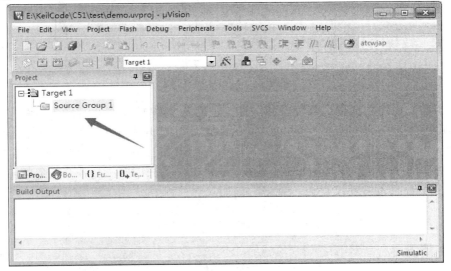

图 5.8　空白 Keil 工程

（4）为了应用程序工程目录的管理，我们在工程目录中新建两个文件夹，文件名任意，例如"Application"和"OUT-LIST"，如图 5.9 所示，分别存放自己编写的源代码和软件编译过程中的辅助信息文件。

图 5.9　文件与目录

　　(5) 然后依次配置软件 Option for Target，分别将"Output"和"Listing"标签中的目录选择为"OUT-LIST"文件夹，这样在编译过程中生成的辅助信息文件都将保存在"OUT-LIST"文件中，我们编写的程序文件保存在另外一个文件夹中。同时勾选"Creat HEX File"，如图 5.10 所示。

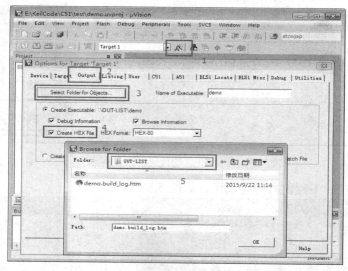

图 5.10　输出文件的设置

　　(6) 至此，已经将文件进行分类和保存。我们还要对 Keil 工程视图中将编写的源代码进行分组归类，便于阅读。分组原则一般是将自己开发的程序文件放在一个组(如 Application)中，官方提供的库文件保存中另外一个组(如 Lib)中，分组方法按图 5.11 依次设置即可。编写单片机程序时，main.c 文件一般负责任务的调度，而各个任务的实现，保存在另外一个.c 文件和.h 头文件内，并将它们加入到工程中。

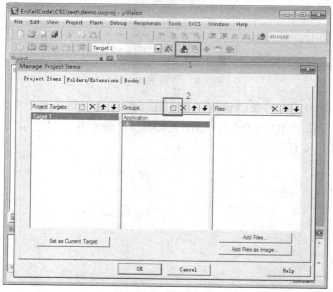

图 5.11　工程的分组

(7) 接下来介绍代码的新建与保存方式。新建一个文本文件，并保存在"Application"文件夹中，文件名为"Main.c"，注意一定要写上.c，然后将该文件放置在工程的"Application"组中。设置方法按图 5.12 依次设置，右击"Application"组，选择"Add Existing Files to Group 'Application'…"，然后选择 Main.c 文件即可归类在 Application 组，见图 5.12 左部分。

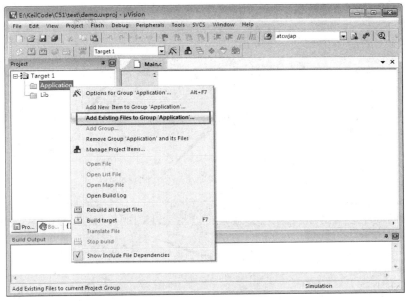

图 5.12　将源代码添加到分组中

(8) 在.c 文件空白处右击，如图 5.13 所示。将与该型号单片机对应的头文件插入，该头文件用于描述该单片机的硬件资源和寄存器对应的地址描述，非常重要，头文件不能修改。

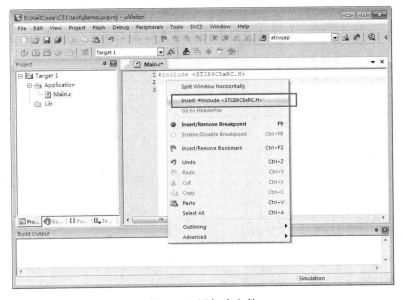

图 5.13　添加头文件

（9）图 5.14 是一个简单的串口设置的应用程序截图，上面部分为菜单栏和工具栏，中间部分左边为工程文件区，右边为代码编辑区，下面部分为提示编译信息输出区。由信息区可知，此应用程序占用内存 9 个字节，代码量为 43 个字节，成功生成 .hex 文件，保存在 ".\OUT-LIST\demo.hex"。

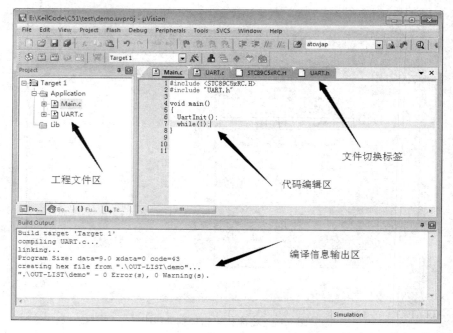

图 5.14　Keil C 工程布局

此工程中有一个 Main.c 文件，其中包含了必不可少的入口 main 函数。另外有一个负责串口通信的 UART.c 文件和与之相对应的 UART.h 文件。在 Main.c 文件中需要用到 UART.c 文件中的 UartInit() 函数，因此第二行应写上 "#include " UART.h " " 语句。

下面介绍一下 Keil C 中的工程文件管理和各文件的书写，首先看 Main.c 文件，代码如下：

```
#include <STC89C5x.H>
#include "UART.h"
void main()
{
    UartInit();
    while(1);
}
```

其次看 UART.h 文件：

```
#ifndef UART_H
#define UART_H
void UartInit();
#endif
```

　　#include 语句相当于将 Uart.h 的整个文件内容插入到该处，由于 UART_H 这个字符没有被定义，因此"void UartInt();"参与代码编译。编译器在 Main.c 文件中没有找到 UartInt() 函数的定义就会报错。而这个函数的定义写在 UART.c 文件中，为了让编译器能够识别 UART.c 文件的存在，必须将 UART.c 文件添加到工程中。添加方式和上面添加 Main.c 文件的步骤相同。我们再看一下 UART.c 文件的写法：

```
#include <STC89C5x.H>
#include "UART.h"
void UartInit()
{
        TMOD=0x22;
        …;
}
```

　　STC89C5x.H 文件声明了 TMOD 等寄存器，UartInt 函数实现了串口初始化的功能。在开发复杂系统时，各个功能模块一般是一个独立的文件，以便于代码管理。实际中，在 ABC.h 文件中声明对外提供的接口函数，而 ABC.c 文件中是具体接口函数的功能实现。在使用时，只需将相应的 ABC.c 文件添加到工程中，当需要用到其中的接口函数的源文件时，只需在顶部#include 包含该函数声明的头文件即可。为了视觉上的一致性，.c 和.h 的文件名相同，实际上两个文件名可以随意。

　　#include 包含的文件一般存放在同一个目录下，若源代码文件放在不同的文件夹内，为避免#include 调用时书写头文件的目录，可设置头文件的搜索路径，如图 5.15 所示。

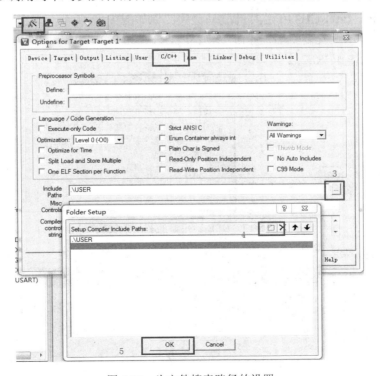

图 5.15　头文件搜索路径的设置

5.3　USB 转串口设备驱动程序的安装

　　STC 系列 51 单片机程序开发过程中，要用串口将 HEX 文件下载到单片机 Flash 中。部分台式机保留了串口，如图 5.16(a)所示，但笔记本电脑绝大多数去掉了 RS232 接口，因此必须将笔记本或台式机的 USB 口扩展出一个虚拟串口。USB 转串口线的作用就是将不同的电平进行转换，以满足两种设备的电平定义方式。一般通过一个专门的芯片(如 CH340)来实现转换的作用。转换器芯片在使用前需在其生产厂家的官网或网络上下载并安装对应的驱动程序。这里我们以 Windows 平台为例来介绍 CH340 芯片驱动程序的安装步骤。

(a) 台式机上的串口　　　　　　(b) USB 转 RS232 串口线

图 5.16　台式机上的串口与 USB 转串口线

　　(1) 官网上下载的 CH340 芯片的驱动程序图标如图 5.17 所示，点击"Install"进行预安装，图 5.17 所示。安装驱动程序时，先不要插 USB 转 RS232 串口线，必须等驱动预安装完毕后再插 USB 转 RS232 串口线。

图 5.17　USB 转串口的驱动预安装

　　(2) 预安装完成后，弹出如图 5.18 所示的确认框，点击"确定"。

图 5.18　预安装完毕

(3) 插上 USB 转串口线后，弹出硬件向导界面，选择"自动安装软件(推荐)"，如图 5.19 所示。

图 5.19　硬件向导

(4) 安装完成后，在 Windows 系统中选择设备管理器，查看 Windows 虚拟出来的串口号，如图 5.20 所示。

(5) 找到 USB-SERIAL，查看虚拟的串口编号，如 COM3。至此，串口 3 就添加成功了，如图 5-21 所示。

图 5.20　设备管理器

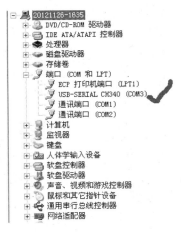

图 5.21　虚拟串口添加成功

图 5.16 中的串口设备输出的电平是 RS232 电平，而单片机的管脚电平是 TTL 电平，因此它们之间必须接入电平转换芯片(如 MAX3232)才可以正常通信。

5.4　利用 STC-ISP 软件将 HEX 文件下载到单片机

STC 系列 51 单片机通过串口即可实现程序下载，无需专门的下载器。单片机冷启动后，进入 ISP 监控状态，若此时收到下载命令流，则进入程序下载状态，将接收到的数据(即 HEX 文件)保存至程序存储空间内，再重启，然后将电脑端的串口与单片机的串口连接在一起，收发管脚交叉相连。通过 STC-ISP 软件，单片机和电脑就可以进行数据通信了，如图 5.22 所示。

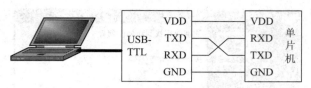

图 5.22 单片机下载连线示意图

按照图 5.23 所示步骤，依次进行设置。

(1) 选择单片机的型号，型号必须正确，否则无法进行烧写；

(2) 选择已连接至单片机的串口号；

(3) 打开要烧写的 HEX 文件；

(4) 其他默认，点击"Download/下载"。

(5) 由于是通过串口进行下载，因此必须确保单片机从断电状态启动(即冷启动)，程序下载完成。

采用 ISP 方式下载时，必须先点击"下载"，再给单片机上电或断电后再重新上电。目前市面上已经出现 STC 系列单片机专用的 USB-TTL 产品，该产品能够识别 ISP-STC 软件的下载指令，能够自动实现先断电再上电。需要注意的是单片机系统的供电必须且只能由该产品的电源管脚提供。为便于程序更新后的下载，可勾选图 5.23 底部的"每次下载前都重新装载目标文件"，确保下载的是最新编译的 HEX 文件。

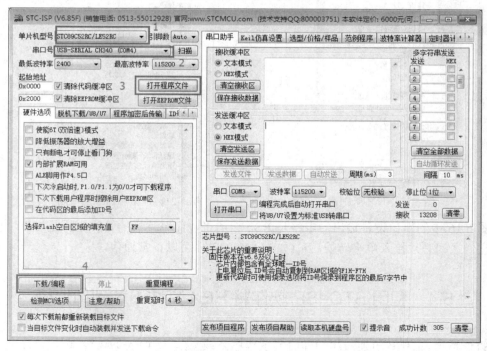

图 5.23 HEX 文件的下载

第 6 章　单片机的输入/输出

6.1　单片机的输入/输出结构与模式

1. 相关特殊功能寄存器

表 6.1 给出了与单片机输入/输出有关的特殊功能寄存器的名称、地址和位名。

表 6.1　与单片机输入/输出相关的特殊功能寄存器

符 号	名 称	地址									复位值
P0	Port0	80H	P0.7	P0.6	P0.5	P0.4	P0.3	P0.2	P0.1	P0.0	1111111B
P1	Port1	90H	P1.7	P1.6	P1.5	P1.4	P1.3	P1.2	P1.1	P1.0	1111111B
P1M1	P1 口模式配置寄存器 1	91H									00000000B
P1M0	P1 口模式配置寄存器 0	92H									00000000B
P0M1	P0 口模式配置寄存器 1	93H									00000000B
P0M0	P0 口模式配置寄存器 0	94H									00000000B
P2M1	P2 口模式配置寄存器 1	95H									00000000B
P2M0	P2 口模式配置寄存器 0	96H									00000000B
P1ASF	P1 模拟功能配置寄存器	9D	ADC7	ADC6	ADC5	ADC4	ADC3	ADC2	ADC1	ADC0	00000000B
P2	Port2	A0H	P2.7	P2.6	P2.5	P2.4	P2.3	P2.2	P2.1	P2.0	1111111B
P3	Port3	B0H	P3.7	P3.6	P3.5	P3.4	P3.3	P3.2	P3.1	P3.0	1111111B
P3M1	P3 口模式配置寄存器 1	B1H									00000000B
P3M0	P3 口模式配置寄存器 0	B2H									00000000B
P4M1	P4 口模式配置寄存器 1	B3H									00000000B
P4M0	P4 口模式配置寄存器 0	B4H									00000000B
P4	Port4	C0H	P4.7	P4.6	P4.5	P4.4	P4.3	P4.2	P4.1	P4.0	1111111B
P5	Port5	C8H	—	—	—	—	P5.3	P5.2	P5.1	P5.0	xxxx111B
P5M1	P5 口模式配置寄存器 1	C9H									xxxx0000B
P5M0	P5 口模式配置寄存器 0	CAH									xxxx0000B

2. 准双向口/弱上拉

传统型 STC89 系列传统型单片机的 I/O 口有两种工作类型：准双向口/弱上拉(标准 8051 输出模式)、开漏输出(仅为高阻输入)。P0 口上电复位后是开漏输出，而其他 I/O 口为准双向口/弱上拉。准双向 I/O 的结构如图 6.1 所示，图中场效应管起开关作用，因此双向 I/O 口的结构简化图如图 6.2 所示。输出"1"时，管脚与上拉电阻相接。上拉电阻约为 $10\sim100\ \text{k}\Omega$，即使其直接接地，电流为微安级，因此管脚对外供电能力很弱；输出"0"时，管脚接地，此时管脚最大可承受 $20\ \text{mA}$ 的灌电流。在读取管脚电平时要注意：如果在读之前，输出了"0"，那么管脚在单片机内部与地相连，此时不论外部管脚所接什么电平，都被内部下拉接地了。因此，读操作前，必须先输出"1"，释放管脚使之通过上拉电阻接至 U_{CC}，此时管脚电平由实际的输入电平决定。

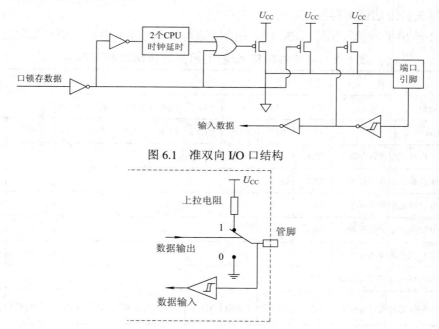

图 6.1 准双向 I/O 口结构

图 6.2 双向 I/O 口结构简化图

3. P0 口开漏输出结构

P0 口为开漏输出结构，即场效应管的漏极不接上拉电阻，其结构如图 6.3 所示，其简化结构如图 6.4 所示。P0 口作为总线扩展用时，不用加上拉电阻，但作为 I/O 口用时，需加 $4.7\sim10\ \text{k}\Omega$ 的上拉电阻。由图 6.4 可以看出，若不外接上拉电阻至 U_{CC}，管脚无法输出高电平，相当于悬空。

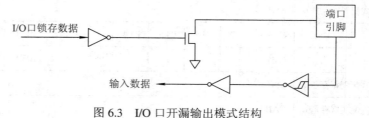

图 6.3 I/O 口开漏输出模式结构

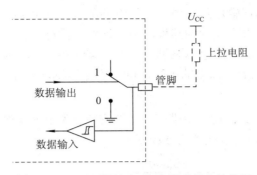

图 6.4　I/O 口开漏输出"1"模式简化结构图

4．强推挽模式

增强型 STC12C5A60S2 系列单片机所有 I/O 口(新增 P4 口和 P5 口)均可由软件配置成四种工作模式之一，分别为：准双向口/弱上拉(标准 8051 系列单片机输出模式)、强推挽输出/强上拉、高阻输入和开漏输出。每个口由两个控制寄存器中的相应位控制引脚的工作模式。STC12C5A60S2 系列单片机上电复位后为准双向口/弱上拉(兼容传统 8051 系列单片机的 I/O 口)模式，注意 P0 口也具有内部上拉电阻了。输入电平在 2.0 V 以上时为高电平，在 0.8 V 以下时为低电平。强上拉模式中，每个 I/O 口的驱动能力均可达到 20 mA，但整个芯片总电流最大不能超过 120 mA。图 6.5 为推挽强上拉模式，图 6.6 为其简化结构图。

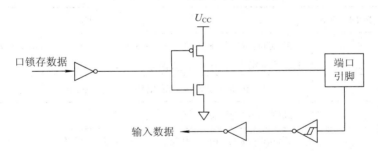

图 6.5　推挽模式/强上拉模式结构

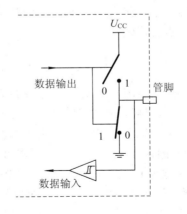

图 6.6　推挽模式/强上拉模式结构简化图

所谓管脚带负载能力或输出最大电流是指将外部接一个 0 Ω 负载，然后再接地时，管脚输出电流的大小。对于弱上拉型的结构，由于内部上拉电阻比较大，因此 U_{CC} 对外输出电流的能力就受到了限制。对推挽结构的管脚，由于场效应管的导通电阻很小，约为 200 Ω，因此内部 U_{CC} 可以提供 20 mA 以上的电流，可直接为外部设备芯片提供电源。

5. 高阻输入

图 6.7 为高阻输入模式，输入口带有一个施密特触发器和一个抗干扰抑制电路。在进行 ADC 采样和仅输入时，可以配置为该模式。

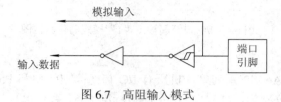

图 6.7　高阻输入模式

6. 模式配置

我们可以单独为每个管脚配置独立的 I/O 模式，此时需使用两个控制寄存器 PxM0 和 PxM1(x=0，1，2，3，4，5)。每组寄存器都有 8 位，对应 8 个 I/O 口管脚，详细组合功能见表 6.2。

表 6.2　I/O 口工作模式的设定

P0M1[7:0]	P0M0[7:0]	模 式 说 明
0	0	准双向口(传统 8051 I/O 口模式，弱上拉模式)，灌电流可达 20 mA，拉电流为 230 μA，由于制造误差，实际为 250～150 μA
0	1	推挽输出(强上拉输出，输出电流可达 20 mA，需要加限流电阻)
1	0	高阻输入(电流既不能流入也不能流出)
1	1	开漏(Open Drain)，内部上拉电阻断开，需要外加上拉电阻

假若要配置 P0.7 为开漏，P0.6 为强推挽输出，P0.5 为高阻输入，P0.4/P0.3/P0.2/P0.1/P0.0 为准双向口/弱上拉，则在 C 语言中只需配置 P0M0 和 P0M1 两个寄存器相应的位即可。这两个寄存器是不可位寻址的，C 语言代码如下：

```
P0M1=0xA0;
P0M0=0xC0;
```

STC12C5A60S2 系列单片机的 A/D 转换通道与 P1 口(P1.7～P1.0)复用，上电复位后 P1 口为弱上拉型 I/O 口，用户可以通过软件将 8 路中的任何一路设置为 ADC 的模拟信号输入端，不需作为 ADC 使用的 P1 口可继续作为 I/O 口使用(建议只作为输入)。作为 ADC 使用的口需先将 P1ASF 特殊功能寄存器中的相应位置为 "1"，以及将相应的口设置为模拟功能。若相应位为 0，则为默认 I/O 口。P1ASF 特殊功能寄存器不支持位操作，是只写寄存器，读无效。例如，将 P10 作为 ADC 模拟信号的输入，在 C 语言中，P1ASF = 0x01。

6.2　输入/ 输出控制

　　51 系列单片机的输入/输出口为 P0、P1、P2、P3、P4 和 P5，与之对应的寄存器名称也分别为 P0、P1、P2、P3、P4 和 P5。由于寄存器的地址可以被 8 整除，因此这些寄存器中的每个位都可以单独操作。在 C 语言中，P1=0xff 可使 P1 管脚都输出高电平。也可以对每个管脚进行单独操作，例如首先进行位声明，sbit P11=P1^1，则 P11=0，即将 P11 的一个管脚输出 0，其他管脚不受影响。

6.3　3 V/5 V 混合供电的 I/O 口互连

1. 5 V 单片机与 3.3 V 器件

　　5 V 单片机与 3.3 V 器件的连接方式如图 6.8 所示。51 系列单片机采用 TTL 电平输入输出，在 5 V 工作电压时，输入大于 2.0 V 即认为是高电平，低于 0.8 V 则认为是低电平。51 系列单片机上电默认为准双向弱上拉模式，输出电流有限，5 V 单片机的输出可以直接接入 3.3 V 芯片，为保险起见，只要在管脚串联一个 1 kΩ 的限流电阻即可，如图 6.8 所示。若用 3.3 V 输入单片机，则大于 2.0 V 即认为是高电平，因此输入和输出一切正常。

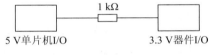

图 6.8　混合电平互连

　　3.3 V 单片机与一个 5 V MOS 器件 I/O 能否直接互连呢？5 V MOS 器件的高电平输入最应为 $0.7 \times 5 = 3.5$ V，因此 3.3 V 单片机的输出就不一定能驱动 5 V MOS 器件，因此必须加上双向电平转换，实现 5 V 和 3.3 V 电平转换。目前已经有多种电平转换芯片，如74LVC4245，它有两个电源 A 和 B，分别为 5 V 和 3.3 V。

2. 双向电平转换电路

　　下面介绍利用 MOS 管搭建的双向电平转换电路，如图 6.9 所示。

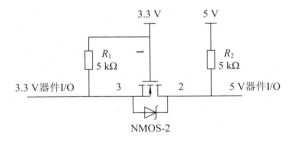

图 6.9　双向电平转换

　　只要 NMOS 管 3 脚电平比 1 脚电平低 $U_{GS} = 2$ V，2、3 脚即可认为是导通的。现分析图 6.9 的工作过程：3.3 V 端输出低电平时(0 V)，MOS 管导通，5 V 端输出低电平(0 V)；3.3 V 端输出高电平时(3.3 V)，MOS 管截止，B 端输出高电平(5 V)；5 V 端输出低电平时(0 V)，MOS 管内的二极管导通，从而使 MOS 管导通，A 端输出低电平(0 V)；5 V 端输出高电平时(5 V)，MOS 管截止，3.3 V 端输出高电平(3.3 V)。因此实现了电平的双向转换。

6.4 内存扩展

由单片机的管脚图可以看出，某些管脚除了具有 I/O 功能以外，还具有第二功能。例如 P30 管脚，除了是 I/O 口，还是串口 UART 的接收管脚 RxD；P36 还是总线方式的写控制线。由于单片机内存有限，在有些应用中需要扩展外部内存。P2 口复用为地址总线的低 8 位，P0 口分时复用为数据总线和地址总线的低 8 位。可见外部扩展存储地址总线最多为 16 位，地址空间为 64 KB。P0 口的地址数据总线复用必须用 74HC573 开关进行锁存。图 6.10 给出了利用 EK62512 扩展 64 KB 的 RAM。在 Keil C51 编译器中，将寄存器 AUXR 中的 EXTRAM 置为 1，禁止使用片上自带的 1024 字节扩展内存，同时配置 Keil 的 Target 选项，如图 6.11 所示。修改片外扩展内存的地址范围时，该范围由外部电路决定。使用 XDATA 声明的变量会被编译器自动分配在片外扩展内存空间。

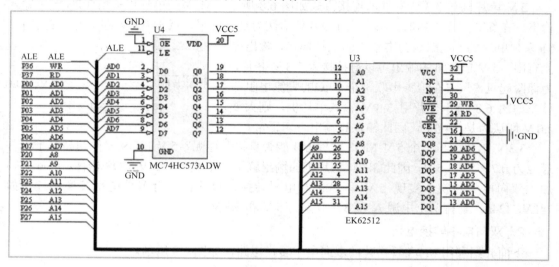

图 6.10　内存扩展电路

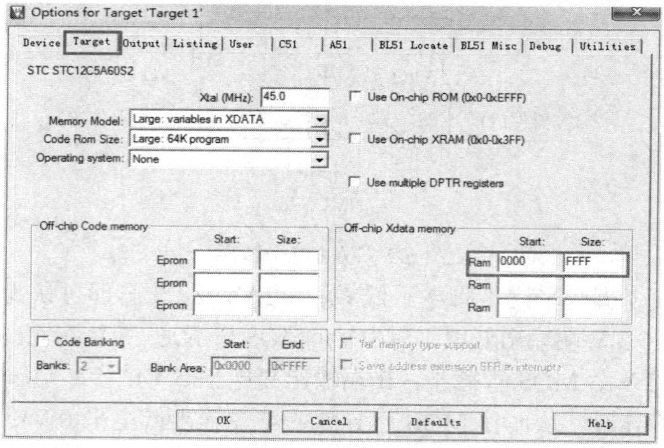

图 6.11　Keil 扩展内存的设置

6.5　串转并与并转串

　　74HC164、74HCT164 是高速硅门 CMOS 器件，与低功耗肖特基型 TTL (LSTTL) 器件的引脚兼容。74HC164、74HCT164 是 8 位边沿触发式移位寄存器，串行输入数据，然后并行输出。数据通过两个输入端(A 和 B)串行输入，A 和 B 按与操作的结果作为 74HC164 芯片的逻辑输入。只有一个数据输入时，A 和 B 两个输入端连接在一起，或者把不用的输入端接高电平，一定不能悬空。74HC164 管脚的输出电流能达到 20 mA，同时也能承受 20 mA的电流输入。在 CLK 的上升沿作用下，将 QA～QH 管脚电平整体向前移动 1 位，QH 移出，同时将数据信号移入至 QA 输出。若 74HC164 芯片采用级联方式，QH 将是下一级的输入。假设 74HC164 的 CLK 和 A、B 脚的电平变化如图 6.12 所示，则在 8 个上升沿之后，74HC164管脚上的电平将为如图 6.13 所示的 01 排列。

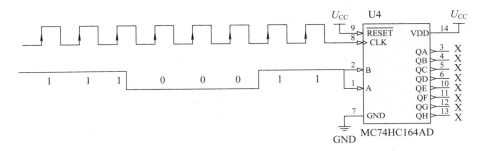

图 6.12　上升沿触发前输出电平状态

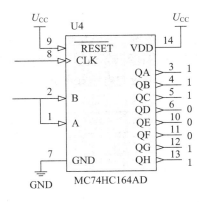

图 6.13　74HC164 输出电平状态

　　74HC165 是 8 位并行输入串行输出移位寄存器，可在末级得到互斥的串行输出(Q0 和Q7)。当并行读取 S/L 为低电平时，D0～D7 口输入的并行数据将被异步地读取进寄存器内；而当 S/L 为高电平时，数据将从 SI 输入端串行进入寄存器，忽略 A～H 管脚的电平。在每个时钟脉冲的上升沿作用下，内部寄存器的数向右移动一位(Q0→Q1→Q2，等等)，同时将SI 脚的电平采样至 Q0。利用这种特性，只要把 Q7 输出绑定到下一级的 SI 输入，即可实现并转串的扩展。当 S/L 为低电平时，将 A～H 管脚的电平采样至内部锁存器 Q0～Q7；当 S/L 为高电平时，在 CLK 的作用下，可将锁存的 A～H 管脚电平逐个行输出至 QH，如图 6.14 所示。

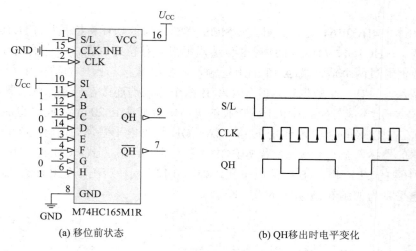

(a) 移位前状态　　　　　　　　　　(b) QH 移出时电平变化

图 6.14　QH 的串行输出

6.6　I/O 应 用

6.6.1　应用电路 1

1. 应用电路

设计一个应用电路，分别有 1 个按键、2 个发光二极管和 1 个继电器。当按键按下后，LED1 亮灭交替一次，同时继电器状态也翻转一次。若继电器 1、3 引脚闭合，则 LED2 发光；若继电器断开，则 LED2 熄灭。相应的电路如图 6.15 所示。

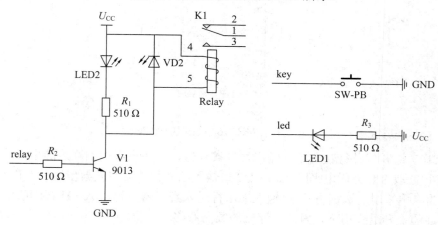

图 6.15　应用电路 1

2．电路分析

如图 6.15 所示，relay 端为高电平时，V1 导通，继电器吸合，LED2 发光。由于三极管为基极电流控制集电极电流的芯片，如果单片机的 relay 管脚配置为标准双向模式，其提供的电流仅有微安级，集极的电流也不会超过 5 mA，继电器不会吸合。为保证继电器的可靠吸合，其线圈上的电流至少为 30 mA。因此，relay 管脚必须配置成推挽强上拉模式，才可能驱动继电器。R_1、R_2 为限流电阻，VD2 为继电器断开时的泄流二极管。当 SW-PB 按下时，key 管脚接地，输入电平为 0；当 SW-PB 松开时，管脚内部上拉，输入电平为高电平。led 管脚输出 0 V，LED1 发光。led 管脚输出 1 即 5 V，LED1 灭，R_3 为限流电阻。发光二极管在 5～10 mA 电流作用下就会发光，电流越大，发出的光越亮。发光时，电压降为 2.5 V 左右，LED 发光颜色不同，电压降也略有差异。在 5 mA 的电流作用下，R_3 的大小应该是多少呢？R_3 上的电压降为 5 − 2.5 = 2.5 V。R_3 = 2.5 V/5 mA = 0.5 kΩ，因此实际电路中选用 510 Ω 的限流电阻。

SW-PB 按键采用锅盖弹片结构进行接触，因此在按下和松开时，存在抖动，其管脚电平变化如图 6.16 所示，其前后沿抖动时间不超过 10 ms。为了消除抖动，可以用软件延时进行消除，即延时 10 ms 进行再次判断，详细流程见源代码。

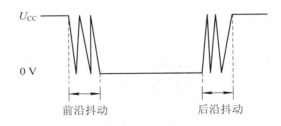

图 6.16　按键电平抖动

3．源代码

Keil C 代码中，工程文件中包含 Main.c 文件。为实现在不同 CPU 之间的程序移植，管脚输出采用了宏定义。

Main.c 源文件代码如下：

```
#include <STC12C5A60S2.H>
sbit KEY_IO=P3^2;
sbit RELAY_IO=P2^2;
sbit LED_IO=P0^0;
#define SET_RELAY_IO RELAY_IO=1
#define CLR_RELAY_IO RELAY_IO=0
#define RD_RELAY_IO RELAY_IO
#define SET_LED_IO LED_IO=1
#define CLR_LED_IO LED_IO=0
#define RD_LED_IO LED_IO
#define RD_KEY_IO KEY_IO
```

//软件延时 10 ms，使 CPU 执行一些 for 循环，从而消耗一些 CPU 时间，达到延时效果
//不同的晶振频率，执行同样的代码所消耗的 CPU 时间是不同的

```c
void delay10ms(void)     //误差为 -0.000000000001 μs (输入时钟为 22.1184 MHz)
{
    unsigned char a,b,c;
    for(c=14;c>0;c--)
        for(b=168;b>0;b--)
            for(a=22;a>0;a--);
}
void main()
{
    //将 P32 口配置成推挽强上拉模式
    P3M0=0x04; //0000 0100
    P3M1=0x00;
    while(1)
    {
        if(RD_KEY_IO==0)
        {
            delay10ms(); //避开沿抖动
            if(RD_KEY_IO==0) //再次判断电平
            {
                if(RD_LED_IO) //读 LED IO 的输出状态
                {
                    CLR_LED_IO;
                    CLR_RELAY_IO;
                }
                else
                {
                    SET_LED_IO;
                    SET_RELAY_IO;
                }
                while(RD_KEY_IO==0); //等待松手
            }
        }
    }
}
```

程序中加入了等待松手的语句，否则在松开按键时，while(1)的主程序可能已经循环执行了上百次，未达到实际应用要求。

6.6.2　应用电路 2

1．应用电路与分析

设计数码管发光电路，要求其占用的单片机管脚应尽可能得少，能够实现数字的显示，从 00 开始数字加 1，间隔约 1 s。

如图 6.17 所示，电路采用 74HC164 串联驱动共阴极数码管，占用单片机两个管脚。

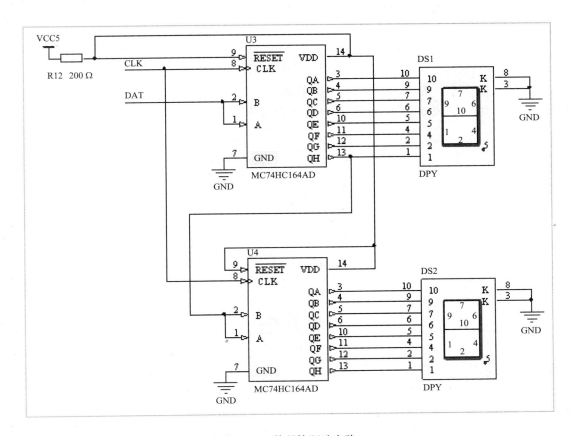

图 6.17　数码管驱动电路

74HC164 为移位串转并芯片，其工作电压为 2～6 V，输出 Q 端为强上拉。VDD = 5 V 时，其输出电流可达到 50 mA。在 CLK 时钟上升沿的作用下，可以将输入 A、B 脚电平的逻辑与输出至 QA 端，同时 QA～QH 管脚上的电平整体向前移动 1 位，QH 移出。本设计中采用串联方式，第一级的 QH 为第二级的输入，两个芯片的 CLK 连在一起，实现同时移位。R12 为限流电阻，可降低 VDD 工作电压，使得 Q 端输出在 3 V 左右，恰好可驱动数码管的发光二极管。同时 R12 还有扼流的作用，当 Q 端输出的电流增加时，VDD 将减小，就会使得 Q 端的输出电流减小。

图 6.18 为共阴极数码管的结构示意图，管脚加高电平时，对应的数码管段就会发光，而加低电平时则不亮。

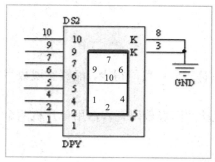

(a) 数码管段分布

(b) 共阴极数码管内部逻辑结构

图 6.18   共阴极数码管

如图 6.19 所示，若要显示数字 5，则点亮的字段分别为 2、4、7、9、10，对应的十六进制数据为 0xE6。表 6.3 给出了数字 0～9 所对应的编码。

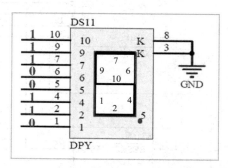

图 6.19   显示数字 5 的字段

表 6.3   数字编码表

数 字	0	1	2	3	4	5	6	7	8	9	.	-
编码(HEX)	77	14	B3	B6	D4	E6	E7	34	F7	F6	08	80

2．源代码

Keil C 代码中，工程文件中包含 main.c 和 shumaguan.c 文件。

shumaguan.h 头文件内容如下：

```
#ifndef __SHUMAGUAN_H_
#define __SHUMAGUAN_H_
void ShowInt(unsigned char num);        //将一个 num 数在数码管上显示出来
#endif
```

shumaguan.c 源文件代码内容如下：

```
#include <STC12C5A60S2.H>
sbit DAT_IO=P2^5;
sbit CLK_IO=P2^4;
#define SETDAT DAT_IO=1        //采用宏定义，便于在不同 CPU 之间进行移植
```

```
#define CLRDAT DAT_IO=0
#define SETCLK CLK_IO=1
#define CLRCLK CLK_IO=0
//数码管的编码表 0，1，2，3，4，5，6，7，8，9，，.，一，全灭
code unsigned   char
Table[13]= {0x77,0x14,0xb3,0xb6,0xd4,0xe6,0xe7,0x34,0xf7,0xf6,0x08,0x80,0x00};
//将一个字节编码数据移送至 74hc164 的输出端，先移送最低位
void sndbyte164(unsigned char dat)
{
    unsigned char i,tmp;
    for(i=0;i<8;i++)
    {
        CLRCLK;
        tmp=dat&0x01;
        if(tmp)
            SETDAT;
        else
            CLRDAT;
        SETCLK;
        dat=dat>>1;
    }
}
void ShowInt(unsigned char num)
{
    unsigned char ge,shi;
    num=num%100;
    ge=num%10;          //提取十位数字
    shi=num/10;         //提取个位
    sndbyte164(Table[ge]);   //发送个位数字对应的编码数据
    sndbyte164(Table[shi]);  //发送十位对应的编码
}
```

main.c 源文件代码内容如下：

```
#include <STC12C5A60S2.H>
#include "shumaguan.h"
void delay1s(void)    //@11.0592M 软件延时 1 s 的函数
{
    unsigned char a,b,c;
    for(c=217;c>0;c--)
```

```
                for(b=171;b>0;b--)
                    for(a=73;a>0;a--);
}
void main()
{
    unsigned char i;
    while(1)
    {
        ShowInt(i);
        delay1s();
        i++;
    }
}
```

第7章 中断系统与外部中断

7.1 引　言

为了更容易理解中断概念，举一个生活中的例子。假如你在家里的电脑上看电影，此时固定电话铃响了，你就会暂停看电影，去接听电话。电话接听完毕后，你会继续看电影。若在接电话的同时，又有人按门铃，你就会去开门看有什么情况。在这里有三件事情：看电影、接电话和开门，它们的紧急程度各不相同，很显然开门是最紧急、最需要立即被处理的。这就是生活中的"中断"现象，即正常的进行过程被外部的事件打断了。

假设单片机要完成如下工作：每隔 1 s，数码管加 1。按键按下时，数码显示的数字立刻清零并重新开始。根据要求，单片机需要完成以下 3 个任务：数码管显示、延时 1 s、检测按键。对应的函数代码如下：

```
int number=0;          //当前显示的秒数
void shownum()         //数码管显示 number
{
    ...;               //代码略
}

int keyScan()          //扫描按键是否被按下，按下则返回 0，否则返回 1
{
    return x;          //代码略
}

void delay1sec()       //CPU 软件延时 1 s
{
    ...                //代码略
}

void main()
{
    while(1)
    {
        shownum();      //任务 1
        delay1sec();    //任务 2
```

```
        number++;
        if(keyScan()==0)        //任务 3   按键被按下
        {
                number=0;
                shownum();
        }
    }
}
```

　　由这个程序可以看出，单片机 CPU 轮流执行 3 个任务，任务 2 的执行时间为 1 s，其他两个任务的执行时间比较短。从 main 函数可以看出，如果单片机 CPU 正在执行任务 2，此时若按键，则没有响应，必须等待到任务 2 执行完毕后才会检测到按键的动作，因而在实际中，用户体验清零计数可能就会有延迟。而要求的是无论 CPU 正在执行什么任务，只要有按键动作，就立即清零。为了解决这个问题，单片机硬件设计了中断系统。中断系统是为了使 CPU 具有对某些紧急事件的处理能力而设置的。当中央处理机 CPU 正在处理某个事件时发生了紧急事件请求，要求 CPU 暂停当前的工作，转而去处理这个紧急事件，处理完以后，CPU 再回到原来被中断的地方，继续原来的工作，这样的过程称为中断。实现这种功能的部件称为中断系统，能够打断 CPU 并向 CPU 申请中断请求的事件称为中断源。STC12C5A60S2 系列单片机提供了 10 个中断请求源，它们分别是外部中断 0、定时器 0 中断、外部中断 1、定时器 1 中断、串口 1 中断、ADC 转换中断、低压检测中断、PCA 中断、串口 2 中断及 SPI 中断。通常根据中断源的轻重缓急排队，优先处理最紧急事件的中断请求源，即规定每一个中断源有一个优先级别。CPU 总是先响应优先级别最高的中断请求。中断的执行过程如图 7.1 所示。

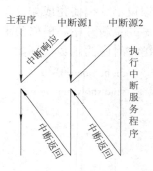

图 7.1　中断执行过程

　　由图 7.1 可以看出，当发生中断源 1 事件或中断源 1 申请 CPU 服务时，CPU 暂停当前的任务去处理中断源 1 的事件。在执行中断源 1 事件的过程中，发生了优先级更高的中断源 2 事件，CPU 会中断当前任务，转而去处理中断源 2 的事件，执行完毕后逐个返回程序断点处，直至主程序。处理中断源事件的程序称为中断服务程序(即一个函数)。单片机在执行程序时，都会有函数的跳转。CPU 函数跳转时，必须保存当前的运行情况和断点的位置，以便返回时继续执行。为了能够快速进行函数的跳转和返回，单片机设计了 4 个工作寄存器组，如图 7.2 所示。RAM 地址为 00H～1FH 共 32B(字节)单元，分

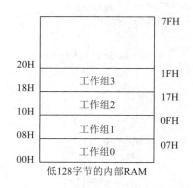

图 7.2　工作寄存器组

为 4 组(每一组称为一个寄存器组)，每组包含 8 个 8 位的工作寄存器，编号均为 R0～R7，

但属于不同的物理空间。通过使用工作寄存器组,可以提高程序跳转的速度。程序状态字 PSW 寄存器中的 RS1 和 RS0 组合决定了当前使用的工作寄存器组,见表 7.1。在实际编程中,尽量不要指定工作寄存器组号,应由 Keil 编译器自动分配。

表 7.1　程序状态字寄存器 PSW

寄存器名称	地址	位	B7~B5	B4	B3	B2~B0
PSW	D0H	名称	—	RS1	RS0	—

单片机设置了 4 组工作寄存器组,以提高函数跳转的速度。如果 CPU 用一个计算器来执行计算任务,当改变计算任务时,需要把原来的计算结果保存起来(即压栈),转去执行另一个计算任务。4 组通用寄存器就像为 CPU 提供了 4 台计算器,更换寄存器组就相当于用另外一台计算器,无需保存中间计算的结果。单片机的这种硬件设计主要适用于中断的场合,在中断函数跳转时只需简单更换工作组即可。

7.2　中　断　结　构

STC12C5A60S2 系列单片机的中断系统结构示意图如图 7.3 所示。

为了快速理解中断的使用,我们先介绍外部中断 0 和外部中断 1,其他中断在后面章节中再介绍。外部中断 0 和外部中断 1 分别位于管脚 P32 和 P33,主要用于识别管脚电平的变化情况,如按键等。表 7.2 给出与外部中断 0 和 1 有关的控制寄存器的位名及其作用。

表 7.2　定时计数器控制寄存器 TCON

寄存器名称	地址	位	B7	B6	B5	B4	B3	B2	B1	B0
TCON	88H	位名	TF1	TR1	TF0	TR0	IE1	IT1	IE0	IT0
IE1	外部中断 1(P3.3/INT1)中断请求标志位 0:中断事件未发生 1:产生了中断事件,可向 CPU 申请中断									
IT1	外部中断源 1 触发方式控制位 0:低电平触发方式。当 P3.3/INT1=0 时,IE1 被硬件自动置 1 1:下降沿触发方式。当 P3.3/INT1 电平由 1 到 0 跳变时,中断请求标志位被硬件自动置 1									
IE0	外部中断 0(P3.2/INT0)中断请求标志位 0:中断事件未发生 1:产生了中断事件,可向 CPU 申请中断									
IT0	外部中断源 0 触发方式控制位 0:低电平触发方式。当 P3.2/INT0=0 时,IE0 被硬件自动置 1 1:下降沿触发方式。当 P3.2/INT0 电平由 1 到 0 跳变时,中断请求标志位被硬件自动置 1									

一个中断源能够被 CPU 识别并按中断方式执行，传递线路上的几个开关必须闭合，如图 7.3 所示。TCON 寄存器 IT0、IT1 位用于设置中断触发方式。设置 TCON.IT0=0,低电平触发；设置 TCON.IT0=1，下降沿触发。当管脚电平满足触发条件时，TCON.IE0 被硬件自动置 1，IE0 称为外部中断 0 的请求标志位。为了让 CPU 能够识别该中断请求，IE.EX0 和 IE.EA 也必须被置 1 闭合。EX0 称为外部中断 0 中断允许位，EA 称为 CPU 的总中断允许控制位。其他中断源请求过程类似，结构图中的"&&"表示逻辑与，"+"表示逻辑或。

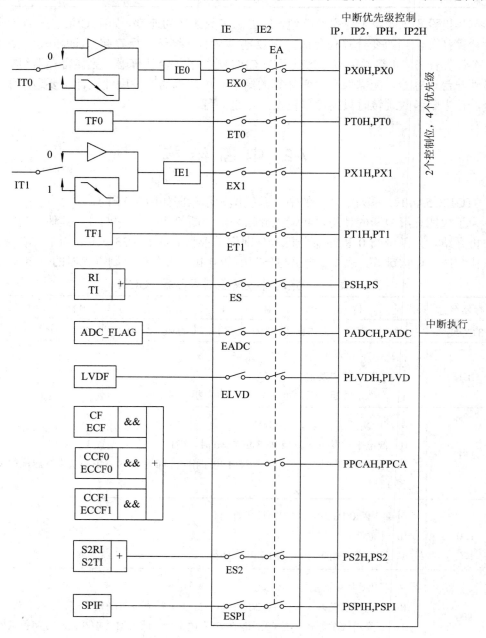

图 7.3　STC12C5A60S2 系列中断系统结构图

如果外部中断 0 的触发方式设置为低电平触发，则按键按下时，IE0 位自动置 1，而按键松开时，IE0 自动清零。如果外部中断 0 的触发方式设置为下降沿，那么只要出现了下降沿，IE0 就自动置 1，即使按键已经松开。那么外部中断 0 的标志位什么时候或怎么清零呢？当程序采用中断方式处理中断事件时，CPU 响应中断请求并执行中断服务程序，标志位 IE0 会被硬件自动清零，无需软件操作。如果程序采用查询 IE0 的状态值进行处理按键事件，则中断标志位 IE0 必须由软件清零。由于 IE0 位可以被直接位操作且在头文件已经位声明了，Keil C 中用"IE0=1；"即可。

7.3　中断服务程序

执行中断请求的程序称为中断服务程序(函数)。CPU 在执行主程序时，若接收到中断请求会暂停主程序并跳转到中断服务程序(函数)，CPU 属于被动的被打断。表 7.3 给出了中断跳转地址和中断优先级的设置。

表 7.3　中断地址与优先级

中断源	中断向量地址	优先级(3 最高)		相同优先级查询次序
外部中断 0	0003H	PX0H	PX0	0(最高)
		00,01,10,11		
定时器 0	000BH	PT0H	PT0	1
		00,01,10,11		
外部中断 1	0013H	PX1H	PX1	2
		00,01,10,11		
定时器 1	001B	PT1H	PT1	3
		00,01,10,11		
UART1	0023H	PSH	PS	4
		00,01,10,11		
ADC	002BH	PADCH	PADC	5
		00,01,10,11		
LVD	0033H	PLVDH	PLVD	6
		00,01,10,11		
PCA	003BH	PPCAH	PPCA	7
		00,01,10,11		
S2(UART2)	0043H	PS2H	PS2	8
		00,01,10,11		
SPI	004BH	PSPIH	PSPI	9
		00,01,10,11		

编译后，在中断向量地址处保存一个跳转指令，该指令用于跳转至该中断服务程序函数的入口地址。在 Keil C 语言编程中，中断服务程序函数格式如下，中断号就是中断查询次序。

```
void Int0_Routine(void) interrupt 0;
void Timer0_Rountine(void) interrupt 1;
void Int1_Routine(void) interrupt 2;
void Timer1_Rountine(void) interrupt 3;
void UART_Routine(void) interrupt 4;
void ADC_Routine(void) interrupt 5;
void LVD_Routine(void) interrupt 6;
void PCA_Routine(void) interrupt 7;
void UART2_Routine(void) interrupt 8;
void SPI_Routine(void) interrupt 9;
```

中断服务程序是不能写参数和返回值的，函数名可以随意，但中断号是确定的。中断号决定了该函数为哪个中断源请求服务，可通过配置 IP、IP2、IPH 和 IP2H 优先级寄存器相应的位，来决定该中断源的服务优先顺序。其中，IPH 表示优先级组合的高位寄存器，IP 表示相应中断源组合位的低位寄存器。IP.x=0、IPHx=1 表示第 x 位的优先级为 2，最高优先级为 3。高优先级的中断服务请求可以打断低优先级的中断服务程序，同优先级的中断服务程序不能被相互打断。当两个相同优先级的中断源同时申请中断时，CPU 会依次查询中断请求情况，因此，查询次序编号小的会被优先执行。中断服务程序函数和普通函数的区别就是中断函数无需显式调用，若满足条件，CPU 自动执行此函数，而普通函数的执行必须有一个调用的语句。

通过"interrupt"后面的编号确定该函数服务的中断源以及跳转指令的地址，如图 7.4 所示，CPU 的执行中断函数属于被动方式，断点在 Main 函数中是无法确定的。外部中断 0 的服务程序能够被执行必须满足三个条件(即中断结构路径上的三个使能开关必须打开)：① 允许外部中断 0 申请中断，即 EX0=1；② CPU 开放总中断，即 EA=1；③ 必须有中断事件发生，即中断标志位 IE0=1。只要 P32 脚出现下降沿或低电平，IE0 就会被自动置 1，此时 CPU 将接收到中断申请并执行其服务程序。

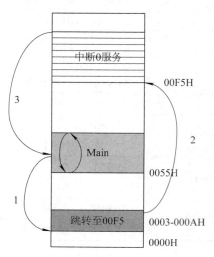

图 7.4　外部中断 0 中断执行流程

7.4 应用实例

主函数执行数码管每隔约 1 s 加 1 的任务，当按下 P32 管脚上的按键时，蜂鸣器嘀一声。应用电路如图 7.5 所示。P36 = 0 时蜂鸣器发声，S2 按键按下，电平为低，松开时电平为高。

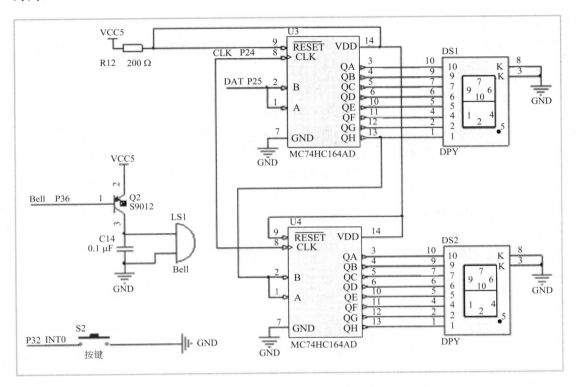

图 7.5 应用电路

采用中断法处理按键的 main.c 源代码内容如下：

```
#include <STC12C5A60S2.H>
#include "shumaguan.h"      //要用里面的显示函数，在 shumaguan.c 文件中，具体见前面章节
sbit beep=P3^6;             //蜂鸣器
sbit key=P3^2;             //按键
#define BEEPON beep=0
#define BEEPOFF beep=1
#define RDKEY key
void delay1s(void)         //误差为 −0.000000000112 μs @22.1184 MHz
{ //CPU 延时 1 s，代码略

}
```

```
        void delay100ms(void)        //误差为－0.000000000014 μs   @22.1184 MHz
        { //CPU 延时 100 ms，代码略
        }

        void delay10ms(void)         //误差为－0.000000000001 μs @22.1184 MHz
        { //CPU 延时 10 ms，代码略
        }

        void main()
        {
            unsigned char i;

            IT0=1;                   //设置为下降沿触发
            PX0=1;                   //将外部中断优先级设置为 3 级
            IPH=IPH|0x01;
            EX0=1;                   //允许外部中断 0 申请
            EA=1;                    //CPU 开放总中断
            while(1)
            {
                ShowInt(i);
                i++;
                delay1s();
            }
        }

    //外部中断 0 的中断服务程序，CPU 被动被打断。
    //中断法，外部中断 0 请求标志位 IE0 由硬件自动清零，无需软件操作
    void EX0_ISR() interrupt 0
    {
        delay10ms();            //为了消抖动
        if(RDKEY==0)            //读取按键
        {
            BEEPON;            //打开蜂鸣器
            delay100ms();
            BEEPOFF;           //关闭蜂鸣器
        }
    }
```

    假设编译后，中断服务程序入口地址分配在存储地址的 0x2345 处，那么在中断向量地址 0x0003 处就会保存一条跳转指令，跳转至 0x2345 处。

若采用查询标志位的方式来处理以上任务，main 函数代码如下：

```
int i=0;
void main()
{
    IT0=1;                  //设置为下降沿触发
    while(1)
    {
        if(IE0==1)          //标志位为 1，表示有按键动作，CPU 主动查询
        {
            BEEPON;
            delay100ms();
            BEEPOFF;
            IE0=0;          //必须软件清零，若设置为低电平触发，则松手后 IE0 硬件自动变 0
        }
        ShowInt(i);         //执行数字显示
        i++;
        delay1s();
    }
}
```

第 8 章　定时器/计数器

STC12C5A60S2 系列单片机有两个 16 位定时器/计数器：定时器/计数器 0 和定时器/计数器 1；与传统 8051 的定时器完全兼容(即 12 分频)，也可以设置为 1T 模式，即不进行分频；当定时器 1 作波特率发生器时，定时器 0 可以配置为两个 8 位定时器用。

STC12C5A60S2 系列单片机内部设置的两个 16 位定时器/计数器 T0 和 T1，都具有计数和定时两种工作方式。对每个定时器/计数器(T0 和 T1)而言，在特殊功能寄存器 TMOD 中都有一个控制位来选择 T0 或 T1 是定时器还是计数器。定时器/计数器的核心部件是一个加法(也有减法)的计数器，其本质是对脉冲进行计数。定时器/计数器的计数脉冲来源不同，如果计数脉冲来自系统时钟，则为定时方式，此时定时器/计数器每 12 个系统时钟或者每 1 个系统时钟得到一个计数脉冲，计数值加 1。如果计数脉冲来自单片机外部引脚(T0 为 P3.4，T1 为 P3.5)，则为计数方式，每输入一个脉冲计数器加 1。

8.1　定时器/计数器的相关寄存器

表 8.1 给出了与定时器/计数器有关的特殊功能寄存器及其位名称。

表 8.1　定时器/计数器的相关寄存器

符　号	名　称	地址	最　高　位				最　低　位				复位值
TCON	定时器控制寄存器	88H	TF1	TR1	TF0	TR0	IE1	IT1	IE0	IT0	00000000B
TMODE	定时器模式寄存器	89H	GATE	C/T	M1	M0	GATE	C/T	M1	M0	00000000B
TL0	计数器 0 低寄存器	8AH									00000000B
TL1	计数器 1 低寄存器	8BH									00000000B
TH0	计数器 0 高寄存器	8CH									00000000B
TH1	计数器 1 高寄存器	8DH									00000000B
AUXR	辅助寄存器	8EH	T0x12	T1x12	UART_M0x6	BRTR	S2SMOD	BRTx12	EXTRAM	S1BRS	00xxxxxxB
WAKE_CLKO	时钟输入与掉电唤醒	8FH	PCAWAKEUP	RXD_PIN_IE	T1_PIN_IE	T0_PIN_IE	LVD_WAKE	BRTCLKO	T1CLKO	T0CLKO	00000000B

8.2　定时器/计数器工作模式寄存器 TMOD

下面介绍定时/计数器的工作模式以及相关寄存器的设置。表 8.2 列出 TMOD 各个位的名称与作用，其中高 4 位与定时器 1 有关，低 4 位与定时器 0 有关。通过对寄存器 TMOD 中的 M1、M0 的设置，设置定时器/计数器 0 的 4 种不同的工作模式。

表 8.2　定时器模式寄存器 TMOD

符号	地址	位	定时计数器 1				定时计数器 0			
			B7	B6	B5	B4	B3	B2	B1	B0
TMOD	89H	位名	GATE	C/T	M1	M0	GATE	C/T	M1	M0
M1、M0		定时器/计数器模式选择，高 4 位配置定时器/计数器 1，低 4 位配置定时器/计数器 0 00：模式 0，13 位定时器/计数器 01：模式 1，16 位定时器/计数器 10：模式 2，8 位自动重载模式 11：模式 3，定时器 0 此时作为双 8 位定时器/计数器。定时器/计数器 1 在此模式无效，停止工作								
C/T		定时器/计数功能选择 0：设定定时器方式，计数脉冲为系统时钟 1：设定计数器方式，计数脉冲为 P3.4，P3.5 管脚输入的时钟								
GATE		启动定时器/计数器的控制位，详见工作模式图 0：TR0 或 TR1 即可启动定时器/计数器 0 或 1 1：定时器/计数器的启动与 P3.2 或 P3.3 管脚电平有关								

表 8.3 给出了定时器/计数器控制寄存器 TCON 各位的名称与作用。

表 8.3　定时器/计数器控制寄存器 TCON

符号	地址	位	B7	B6	B5	B4	B3	B2	B1	B0
TCON	88H	位名	TF1	TR1	TF0	TR0	*	*	*	*
TF1		定时器/计数器 1 溢出标志位 发生溢出时，由硬件自动置 1，向 CPU 请求中断，一直保持到 CPU 响应中断时，才会硬件自动清零；TF1 也可由程序清零								
TR1		定时器/计数器 1 的计数启动位 0：停止计数 1：开始计数。GATE=0 时，计数开关直接打开；GATE=1 时，TR1=1 且 P3.3=1 同时满足，计数开关才能打开								
TF0		定时器/计数器 0 溢出标志位 发生溢出时，由硬件自动置 1，向 CPU 请求中断，一直保持到 CPU 响应中断时，才会硬件自动清零；TF0 也可由程序清零								
TR0		定时器/计数器 0 的计数启动位 0：停止计数 1：开始计数。GATE=0 时，计数开关直接打开；GATE=1 时，TR0=1 且 P3.2=1 同时满足，计数开关才能打开								

表 8.4 给出了辅助寄存器 AUXR 中关于定时器/计数器的时钟频率设置位及作用。

表 8.4　辅助寄存器 AUXR

符　号	地址	位	B7	B6	B5	B4	B3	B2	B1	B0
AUXR	8EH	位名	T0x12	T1x12	*	*	*	*	*	*
T0x12	系统时钟是否不分频，直接输入至定时器/计数器 0 0：定时器 0 的计数时钟源为系统时钟的 12 分频，计数速度和 8051 单片机速度相同 1：定时器 0 的计数时钟源为系统时钟，不分频，计数速度是 8051 单片机速度的 12 倍									
T1x12	系统时钟是否不分频，直接输入至定时器/计数器 1 0：定时器 1 的计数时钟源为系统时钟的 12 分频，计数速度和 8051 单片机速度相同 1：定时器 1 的计数时钟源为系统时钟，不分频，计数速度是 8051 单片机速度的 12 倍									

表 8.5 给出了时钟输出与唤醒寄存器中关于定时器/计数器的相应设置与作用。

表 8.5　时钟输出与掉电唤醒寄存器 WAKE_CLKO

符　号	地址	位	B7	B6	B5	B4	B3	B2	B1	B0
WAKE_CLKO	8EH	位名	*	*	T1_PIN_IE	T0_PIN_IE	*	*	T1CLKO	T0CLKO
T0CLKO	是否将 P3.4/T0 脚配置为定时器 0 溢出时进行电平翻转，定时器 0 工作在模式 2 1：定时器 0 溢出时，P3.4/T0 脚电平翻转，输出时钟频率=溢出率/2 0：P3.4/T0 脚电平不输出时钟									
T1CLKO	是否将 P3.5/T1 脚配置为定时器 1 溢出时进行电平翻转，定时器 1 工作在模式 2 1：定时器 1 溢出时，P3.5/T1 脚电平翻转，输出时钟频率=溢出率/2 0：P3.5/T1 脚电平不输出时钟									
T1_PIN_IE	掉电模式下，允许 T1/P3.5 脚下降沿置 T1 中断标志，也能使 T1 脚唤醒 Power Down 0：禁止 T1/P3.5 脚下降沿置 T1 中断标志，也禁止 T1 脚唤醒 Power Down 1：允许 T1/P3.5 脚下降沿置 T1 中断标志，也允许 T1 脚唤醒 Power Down									
T0_PIN_IE	掉电模式下，允许 T0/P3.4 脚下降沿置 T0 中断标志，也能使 T0 脚唤醒 Power Down 0：禁止 T0/P3.4 脚下降沿置 T0 中断标志，也禁止 T0 脚唤醒 Power Down 1：允许 T1/P3.4 脚下降沿置 T0 中断标志，也允许 T0 脚唤醒 Power Down									

8.3　定时器/计数器 0

由图 8.1～图 8.4 可以看出，C/T 是计数脉冲输入源的选择控制位。当 C/T=0 时，T0 计数器对系统时钟进行计数，T0 工作在定时器方式；当 C/T=1 时，T0 计数器对 P3.4 管脚输入的脉冲进行计数，T0 工作在计数方式。定时器/计数器有一个启动控制开关，只有开关控制位置 1 时，脉冲才会输入至由 TH0 和 TL0 组成的计数器中。GATE=0 时，或门的输出必定为 1，因此仅控制 TR0 位即可启动定时器/计数器 0。当 GATE=1 时，只有在 TR0=1 和 P3.2=1 同时满足的情况下，才会启动定时计数 0。为了兼容传统 51 单片机，在定时方式下，STC12 系列单片机的输入时钟为默认系统时钟频率的 12 分频，当控制位 T0x12=0，然后输入至定时器 0；当控制位 T0x12=1 时，系统时钟不进行分频直接输入至定时器 0。

1. 模式 0(13 位定时计数器)

定时器/计数器 0 的模式 0 的逻辑结构如图 8.1 所示。

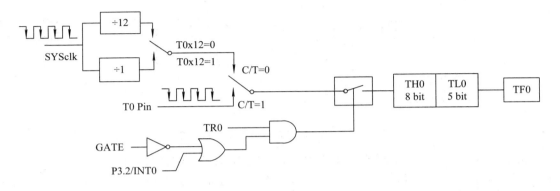

图 8.1　定时器/计数器 0 的工作模式 0

由图 8.1 可以看出，定时器/计数器 0 中由 TH0(8 位)和 TL0(低 5 位)组成了 13 位计数寄存器，每一个下降沿该计数寄存器的值加 1。当计数寄存器累加到 13 个 1 时，此时若再来一个下降沿就会使计数寄存器溢出。溢出后，计数寄存器自动回到 0，而 TF0 定时器 0 的溢出标志位 TF0 自动置 1，此时该中断源可向 CPU 申请中断。CPU 也可以通过查询的方法检测到 TF0 的变化，相关的控制位请查阅相关寄存器。

2. 模式 1(16 位定时器/计数器)

定时器/计数器 0 的模式 1 的逻辑结构如图 8.2 所示。

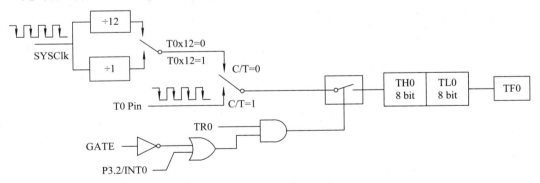

图 8.2　定时器/计数器 0 的工作模式 1

由图 8.2 可以看出，定时器/计数器 0 中由 TH0(8 位)和 TL0(8 位)组成了 16 位计数寄存器，每一个下降沿计数寄存器的值加 1。当计数寄存器累加到 16 个 1 时，此时若再来一个下降沿就会使计数寄存器溢出。溢出后，计数寄存器自动回到 0，而定时器 0 的 TF0 溢出标志位自动置 1，此时定时器 0 可向 CPU 申请中断服务，CPU 也可以通过查询的方法检测到 TF0 的变化。

3. 模式 2(8 位自动重载模式)

定时器/计数器 0 的工作模式 2 的结构逻辑如图 8.3 所示。

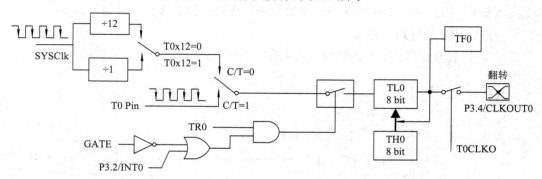

图 8.3　定时器/计数器 0 的工作模式 2

由图 8.3 可以看出，定时器/计数器 0 中由 TL0 组成了 8 位计数寄存器，每一个下降沿计数寄存器的值加 1。当计数寄存器 TL0 累加到 8 个 1 时，此时再来一个下降沿就会使计数寄存器溢出。溢出后，寄存器 TH0 内的值自动加载(复制)到 TL0 并继续计数。同时 TF0 溢出标志位自动置 1，此时该中断源可向 CPU 申请中断，CPU 也可以通过查询的方法检测到 TF0 的变化。如果特殊功能寄存器 WAKE_CLKO 中的 T0CLKO 被置 1，那么计数寄存器每溢出一次，P3.4 管脚的电平翻转一次。

4. 模式 3(两个 8 位定时计数器)

定时器/计数器 0 的模式 3 的逻辑结构如图 8.4 所示。

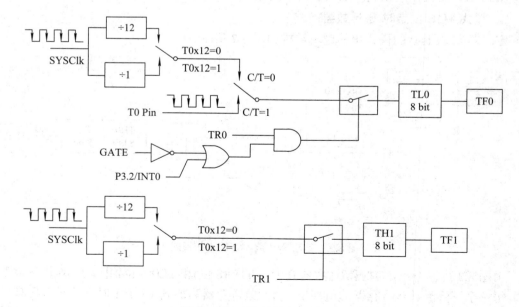

图 8.4　定时器/计数器 0 模式 3

由图 8.4 可以看出，在此模式下，定时器/计数器 0 的 TL0 和 TH0 分别作为两个独立的计数寄存器使用。TL0 有计数和定时两种工作方式，而 TH0 只有定时的工作模式。TH0 的启动由 TR1 位控制，溢出标志位为 TF1。模式 3 只适合定时器/计数器 0，定时器/计数器 1 在模式 3 下不工作。定时器 0 在该模式下，定时器 1 是直接启动的，工作模式仍然可以配置，但不能有中断响应了，常用作波特率发生器使用。

8.4　定时器/计数器 1

由图 8.5～图 8.7 可以看出，C/T 是计数脉冲输入的选择控制位，当 C/T=0 时，T1 计数器对系统时钟进行计数，T1 工作在定时器方式；当 C/T=1 时，T1 计数器对 P3.5 管脚输入的脉冲进行计数，T1 工作在计数方式。定时器/计数器有一个启动控制开关，只有开关控制位置 1 时，脉冲才会输入至由 TH1 和 TL1 组成的计数器中。当 GATE=0 时，或门的输出必定为 1，因此仅控制 TR1 即可启动定时器/计数器 1；当 GATE=1 时，只有 TR1=1 和 P3.3=1 同时满足，才会启动定时器/计数器 1。为了兼容传统 51 单片机，在定时方式下，STC12 系列单片机定时器的默认输入时钟为系统时钟频率的 12 分频，控制位是 T1x12=0。当控制位是 T0x12=1 时，系统时钟不进行分频直接输入至定时器 1。

1．模式 0(13 位定时计数器)

定时器/计数器 1 的模式 0 的逻辑结构如图 8.5 所示。

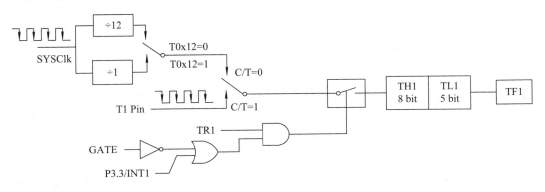

图 8.5　定时器/计数器 1 的工作模式 0

由图 8.5 可以看出，定时器/计数器中由 TH1(8 位)和 TL1(低 5 位)组成了 13 位计数寄存器，每一个下降沿计数寄存器的值加 1。当计数寄存器累加到 13 个 1 时，此时若再来一个下降沿就会使计数寄存器溢出。溢出后，计数寄存器的值自动回到 0，而 TF1 溢出标志位自动置 1，此时该中断源可向 CPU 申请中断。CPU 也可以通过查询的方法检测到 TF1 的变化，相关的控制位详见相应寄存器。

2．模式 1(16 位定时计数器)

定时器/计数器 1 的模式 1 的逻辑结构如图 8.6 所示。

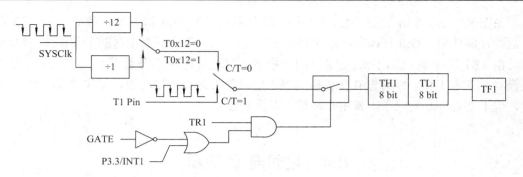

图 8.6　定时器/计数器 1 的工作模式 1

由图 8.6 可以看出，定时器/计数器 1 中由 TH1(8 位)和 TL1(8 位)组成了 16 位计数寄存器，每一个下降沿寄存器加 1。当计数寄存器累加到 16 个 1 时，此时若再来一个下降沿就会使计数寄存器溢出。溢出后，计数寄存器自动回到 16 个 0，同时 TF1 溢出标志位自动置 1，此时该中断源可向 CPU 申请中断服务，CPU 也可以通过查询的方法检测到 TF1 的变化。

3．模式 2(8 位自动重载模式)

定时器/计数器 1 的模式 2 的逻辑结构如图 8.7 所示。

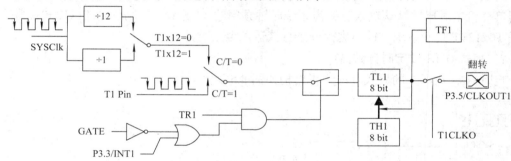

图 8.7　定时器/计数器 1 的工作模式 2

由图 8.7 可以看出，定时器/计数器 1 由 TL1 组成了 8 位计数寄存器，每一个下降沿计数寄存器的值加 1。当计数寄存器累加到 8 个 1 时，此时若再来一个下降沿就会使计数寄存器溢出。溢出后，寄存器 TH1 内的值自动加载到 TL1 并继续计数，而 TF1 溢出标志位自动置 1。此时可向 CPU 申请中断，CPU 也可以通过查询的方法检测到 TF1 的变化。如果特殊功能寄存器 WAKE_CLKO 里的 T1CLKO 位被置 1，那么计数寄存器每溢出一次，P3.5 管脚的电平翻转一次。

8.5　定时器初始值与溢出时间

如果将计数器的时钟输入源选择为系统时钟，那么定时器/计数器就工作在定时方式，简称定时器。传统 51 单片机有一个机器频率的概念，机器频率是对系统时钟频率的 12 分频，所有指令的执行时间都是该机器周期的整数倍。STC12C5A60S2 系列单片机对外部时钟、内部 IRC 时钟不再进行 12 分频，内部增加了一个分频寄存器，默认的分频系数为 1。

得到系统时钟 SYSClk 后，CPU 和外设都是使用该时钟作为时钟源。

1. 模式 1

由逻辑结构图可以看出，将 TMOD 寄存器中的 C/T 清零即可配置为定时器方式。假设单片机外部时钟或晶振的频率为 11.0592 MHz，设置定时器 0 的溢出周期为 50 ms，计算其初始值。默认情况下，T0x12 = 0，因此定时器的计数器输入的时钟频率为 11.0592 ÷ 12 = 0.9216 MHz，时钟周期等于 1.0851 μs，即每隔 1.0851 μs 计数寄存器的值会加 1。我们将定时器 0 的工作模式配置为 1 即 16 位定时器，TH0 为高 8 位，TL0 位为低 8 位。将 TH0 和 TL0 赋予适当的初始值，使得定时器 0 每隔 50 ms = 50000 μs 就会溢出一次。由于每次计数器加 1 的周期是 1.0851 μs，因此计数器计数 50000/1.0851 = 46079 次即 50 ms。对于 16 位计数器而言，从哪个数开始计数，计数 46079 次就会发生溢出呢？65 536 – 46 079 = 19457，16 个 1 的二进制数的大小为 65 535。因此从 19457 = 0x4C01 开始计数至溢出，所需时间约为 50 ms。TH0 为计数器的高 8 位，其值等于 0x4C = 76；TL0 是低 8 位，其值等于 0x01 = 1，计算流程如图 8.8 所示。

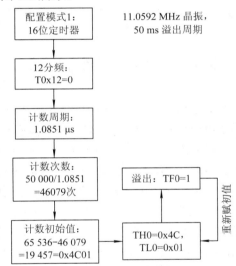

图 8.8　模式 1 情况下，定时器 0 初始值的计算流程

2. 模式 2

由逻辑结构图可以看出，将 TMOD 寄存器中的 C/T 清零即可配置为定时器方式。假设单片机外部时钟或晶振的频率为 11.0592 MHz，设置定时器 0 的溢出周期为 200 μs，工作模式为自动重载方式，计算其初始值。默认情况下，T0x12 = 0，因此计数器的输入时钟频率为 11.0592 ÷ 12 = 0.9216 MHz，周期等于 1.0851 μs，即每隔 1.0851 μs 计数寄存器会加 1。

我们将定时器 0 的工作模式配置为 2，即 8 位自动重载定时器，TL0 溢出时，TH0 内的值自动加载到 TL0 中并继续计数。计算 TH0 和 TL0 的合适初始值，使得定时器 0 每隔 200 μs 就会溢出一次。由于每次计数器加 1 的周期是 1.0851 μs，因此计数器计数 200/1.0851 = 184 次即为 200 μs。对于 8 位计数器而言，从哪个数开始计数，计数 184 次就会发生溢出呢？256 – 184 = 72，8 个 1 的二进制数的大小为 255。因此从 72 = 0x48 开始计数至溢出，所需时间约为 200 μs，那么 TH0 = TL0 = 0x48，计算流程如图 8.9 所示。

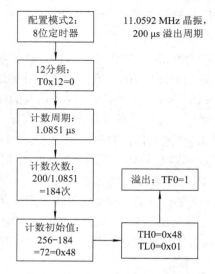

图 8.9　模式 2 情况下，定时器 0 初始值的计算流程

8.6　定时器溢出标志位

当定时器/计数器 0、1 发生溢出时，溢出标志位 TF0 和 TF1 被硬件自动置 1，那么什么时候会重新清零呢？如果 CPU 通过查询法进行编程处理溢出事件，则溢出标志位只能由程序进行清零。若通过中断方式处理溢出事件，则当 CPU 执行中断服务程序时，中断标志位 TF0 和 TF1 即被硬件自动清零，无需软件操作。CPU 暂停 main 函数，跳转执行中断服务程序必须满足 3 个条件：① CPU 开放总中断，允许中断源申请中断服务即 EA=1；② 允许定时器申请中断服务即 ET0=1 或 ET1=1；③ 有中断事件发生即中断标志位 TF0=1 或 TF1=1。在 Keil C 语言编程中，定时器/计数器 0 的中断号是 1，定时器/计数器 1 的中断号是 3。图 8.10 给出了定时器/计数器 0 和定时器/计数器 1 的中断服务程序的执行流程。

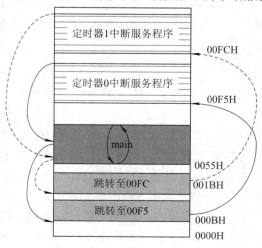

图 8.10　定时器/计数器中断服务程序的执行流程

8.7 应用实例

例程 1 配置定时器 0 为模式 1，采用 12 分频系统时钟，外部晶振为 22.1184 MHz，通过查询法处理，每隔约 1 s 数码管更新一次。程序代码如下：

```c
#include <STC12C5A60S2.H>
#include "shumaguan.h"

void main()
{
    unsigned char count25ms=0;      //记录 25 ms 溢出次数
    unsigned char sec=0;            //记录秒数

    AUXR=0x00;                      //AUXR.7=T0x12=0，定时器 0 进行 12 分频
    TMOD=0x01;                      //将定时器 0 配置为模式 1，定时工方式
    TH0=0x4C;                       //赋初始值，25 ms 需要溢出 46079 次，@22.1184 MHz
    TL0=0x01;                       //因此初始值=65536-46079=0x4C01
    ShowInt(sec);
    TR0=1;                          //启动定时器 0
    while(1)
    {
        if(TF0==1)                  //CPU 主动查询溢出标志位
        {
            TL0=0x01;
            TH0=0x4C;               //重新赋初始值
            TF0=0;                  //软件清零标志位
            count25ms++;
            if(count25ms==40)       //溢出 40 次，1 秒时间到，更新数码管
            {
                sec++;
                sec=sec%100;
                ShowInt(sec);       //更新数码管显示
                count25ms=0;
            }
        }
    }
}
```

例程 2　假设晶振频率为 12 MHz，利用定时器 0 的中断方式，每隔 1 s 更新数码管显示数字；定时器 0 配置为模式 2(即 8 位自动重载)；主程序执行 P0 口输出电平翻转。程序代码如下：

```
#include <STC12C5A60S2.H>
#include "shumaguan.h"


unsigned int count250us=0;      //记录 250 μs 溢出次数
unsigned char sec=0;            //记录秒数


void main()
{
    unsigned char dat=0xfe;

    AUXR=0x00;                  //AUXR.7=T0x12=0，定时器 0 进行 12 分频
    TMOD=0x02;                  //将定时器 0 配置为模式 2，8 位自动重载，定时工方式
    TH0=6;                      //赋初始值，250 μs 需要 250 计数周期 @12 MHz
    TL0=6;                      //因此初始值=256−250=6
    ShowInt(sec);
    EA=1;                       //CPU 开放总中断
    ET0=1;                      //允许定时器 0 申请中断
    TR0=1;                      //启动定时器 0
    while(1)
    {
        P0=~P0;                 //LED 亮灭交替闪烁
        delay();                //软件延时约 1 s
    }
}


//TF0 无需软件清零，中断响应后硬件清零，TL0 无需软件重新赋值
void timer0_ISR() interrupt 1
{
    count250us++;
    if(count250us==4000)        //溢出 400 次，1 s 时间到，更新数码管
    {
        sec++;
        sec=sec%100;
        ShowInt(sec);           //更新数码管
        count250us=0;
    }
}
```

例程 3 定时器 0 配置 12T，采用模式 2，利用其溢出率，在 P3.4 脚输出方波，频率为 10 kHz；利用定时器 0 的溢出中断，实现数码管每秒更新一次。程序代码如下：

```
#include <STC12C5A60S2.H>
#include "shumaguan.h"
#define FOSC 22118400
#define F10K (256-FOSC/24/10000)     //12T 模式 T0 初始值

unsigned int count0=0;               //记录溢出次数
unsigned char sec=0;                 //记录秒数

void main()
{
    unsigned char dat=0xfe;

    AUXR=0x00;                //AUXR.7=T0x12=0，定时器 0 进行 12 分频
    TMOD=0x02;                //将定时器 0 配置为模式 2，8 位自动重载，定时工方式
    TH0=F10K;
    TL0=F10K;
    ShowInt(0);
    EA=1;                     //CPU 开放总中断
    ET0=1;                    //允许定时器 0 申请中断
    TR0=1;                    //启动定时器 0
    WAKE_CLKO=0x01;           //使能定时器 0 的 P3.4 时钟输出
                             //定时器 0 每溢出一次，电平翻转 1 次
    while(1);
}

//TF0 无需软件清零，中断响应后硬件清零，TL0 无需软件重新赋值
void timer0_ISR() interrupt 1
{

    count0++;
    if(count0==20000)        //1 s 时间到，更新数码管
    {
        sec++;
        ShowInt(sec);        //更新数码管
        count0=0;
    }
}
```

例程 4　将定时器 1 的溢出率用于串口波特率发生器，同时将定时器 0 配置为模式 3，分解为两个独立的定时器；采用定时器 0 中断方式，用定时器 0 的 TL0 的溢出控制一个 LED 的亮灭变化，用定时器 0 的 TH0 的溢出控制另外一个 LED 灯的亮灭变化；串口中断程序将接收的数据加 1，然后再发送出去；串口波特率为 19200 b/s，采用 10 位帧格式(串口内容请参考串口通信章节)。程序代码如下：

```
#include <STC12C5A60S2.H>
#include "shumaguan.h"
#include <intrins.h>

sbit led0=P0^0;
sbit led1=P0^7;

unsigned int count0=0,count1=0;   //记录溢出次数


void main()
{
    unsigned char dat=0xfe,sec=0;

    AUXR=0x00;    //AUXR.7=T0x12=0，AUXR.6=T1x12=0，定时器 0 和 1 进行 12 分频
    //WAKE_CLKO.1=T1CLK，允许 T1CKO(P3.5)脚输出 T1 溢出脉冲，脉冲频率=T1 溢出率/2
    WAKE_CLKO=0x02;
    TMOD=0x23;    //将定时器 0 配置为模式 3，定时器 1 配置为模式 2
    TH0=0x7F;     //赋初始值
    TL0=0x00;
    TH1=0xfd;     //波特率 19200@22.1184 MHz
    TL1=TH1;
    SCON = 0x50;  //串口模式 1，波特率可变，允许接收
    ShowInt(sec);
    EA=1;         //CPU 开放总中断
    ET0=1;        //允许定时器 0 第 1 定时器 TL0 申请中断
    ET1=1;        //允许定时器 0 第 2 定时器 TH0 申请中断
    ES=1;         //允许串口 1 申请中断
    TR0=1;        //启动定时器 0 的第 1 个定时器
    TR1=1;        //启动定时器 0 的第 2 个定时器
    TI=0;
    while(1);
}
```

```
//TF0 无需软件清零，中断响应后硬件清零
void timer0_ISR() interrupt 1
{
    TH0=0x7F;            //重新赋初始值
    count0++;
    if(count0==1600)     //达到溢出次数
    {
        led0=~led0;
        count0=0;
    }
}


//TF1 无需软件清零，中断响应后硬件清零
void timer1_ISR() interrupt 3
{
    TL0=0x00;
    count1++;
    if(count1==1600)     //达到溢出次数
    {
        led1=~led1;
        count1=0;
    }
}

void uart() interrupt 4
{
    if(TI)
    {
        TI=0;            //软件清零
    }
    else
    {
        RI=0;            //软件清零
        SBUF=SBUF+1;
    }
}
```

第 9 章 串 口 通 信

9.1 设备间的通信方式

9.1.1 并行通信和串行通信

并行通信是指数据以成组的方式在多个并行信道上同时进行传输，一般情况下并行传输中一次传送 8 位数据，如图 9.1 所示。并行通信的优点是速度快，但发送端与接收端之间有若干条线路，费用高，仅适合于近距离和高速率的通信。并行通信在计算机内部总线通信以及并行口通信中已得到广泛的应用。

串行通信是指将字节数据拆分为 8 位，然后逐位进行传输。发送方一般采用并转串芯片，将一个字节按一定时序逐位发送出去。接收端一般采用并转串芯片，将线上的电平按一定时序进行采样，转换成一个字节数据，如图 9.2 所示。串行通信方式首先要考虑的是同步，即收发双方的时间点。如果采用双线通信，一根是数据线，用于输出数据位的电平；一根是时钟线，作为收发同步控制线。例如 74HC164 为一个串转并的芯片，CLK 脚上每出现一个上升沿，芯片对 DAT 脚的电平进行采样并移入寄存器的最低位。因此发送方可以在 CLK 置低时将位电平输出到 DAT 脚，然后将 CLK 置高。接收方监测 CLK 脚的电平，若出现上升沿，说明数据位就绪，接收方就可以采样电平，收发双方通过 CLK 脚的时钟沿达到同步。

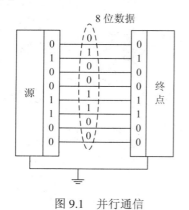

图 9.1 并行通信

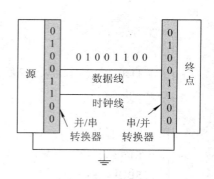

图 9.2 串行通信

9.1.2 异步通信

采用一根线进行通信时常采用异步通信方式。异步又称起止式通信方式，发送者和接收者之间不需要硬件合作，也就是说，发送者可以在任何时候发送数据，而接收者则只要数据到达就可以接收数据。通用异步收发传输器(Universal Asynchronous Receiver/Transmitter，UART)又称为串口，是一种异步收发传输器，是硬件的一部分，收发仅需RxD、RxD 和 GND 三根线。在 UART 上追加同步方式的产品，被称为 USART(Universal Synchronous Asynchronous Receiver Transmitter)，9 线的全功能串口接口定义如图9.3 所示。

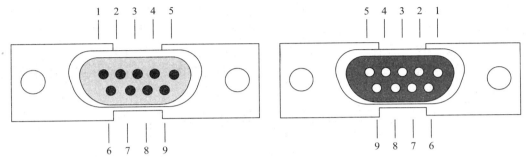

1—载波检测DCD；2—接收数据RxD；3—发送数据TxD；4—数据终端准备好DTR；
5—信号地GND；6—数据准备好DSR；7—请求发送RTS；8—清除发送CTS；9—振铃提示RI

图 9.3　标准 9 针串口引脚示意图(上公下母)

异步通信在每一个被传输的字节数据位的前后各增加 1 位起始位和 1 位停止位，用来指示被传输字符的开始和结束，称为按帧传输。在接收端，去除起止位，中间就是被传输的字节数据。这种异步通信依靠起始位来实现发送方和接收方的时间同步，因此每一帧数据的时间需重新校准。这种传输技术由于增加了较多附加的起、止信号，因此传输效率不高。异步通信传输方式如图 9.4 所示。

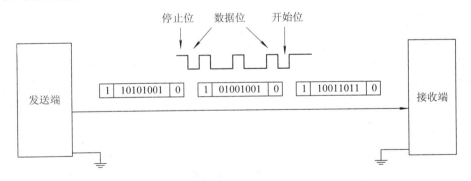

图 9.4　异步通信传输方式

9.1.3　异步通信协议

在串行通信中，二进制数据以数字信号的信号形式出现且只使用一根线，不论是发送还是接收，都必须有约定时间或周期对传送的数据进行定位。UART 通信约定空闲状态时，发射脚输出高电平。发送的每一位持续时间是固定的，且发送和接收端的数据位周期必须一致，即波特率相同。

1．波特率

波特率即数据传送的速率，其定义是每秒钟传送的二进制数的位数。例如 9600 b/s(bit per second，也有人写作 bps)，表示一秒内发送 0 和 1 的信息总共 9600 个，那么每一位占用的时间即为 1/9600 秒，称为位周期。

2．帧格式

串口通信是按帧进行通信的，空闲时管脚电平为高电平，如图 9.5 所示。起始位的下降沿意味着该帧通信的启动，紧接着就是 8 位数据位，有的单片机芯片的数据位的个数允许用户配置。数据位之后便是一个检验位，检验位可以没有，即没有第 10 位。发送完 1 位停止位后表示该帧通信完成。只要发送端和接收端的通信格式约定相同，那么接收端就能接收和正确解析出数据。

图 9.5　串口通信帧格式

3．发送数据

发送数据时，首先将发射管脚 TxD 电平置低，并保持一个位周期，表示起始位，触发接收方准备数据接收，然后将要发送的数据送入移位寄存器，在波特率时钟的控制下，将该字节数据逐位移位输出。通常是在波特率时钟的上升沿将移位寄存器中的数据串行输出，每个数据位的时间间隔由波特率时钟的周期来划分。数据位发送完成后，再将发射脚置高电平并保持 1 个位周期，表示停止位。

4．接收数据

接收方接收串行数据时，检测到下降沿进入数据接收状态，在波特率时钟速率下对接收管脚 RxD 进行电平采样并将数据移入移位寄存器，接收完停止位后进入接收等待状态。为了提高通信的准确度，在每一个数据位周期内，接收端对 RxD 管脚进行三次电平采样并多数表决。若采样到 011，则按 1 记录。

9.2　串　口　结　构

STC12C5A60S2 系列单片机有两个采用 UART 工作方式的全双工串行通信接口(串口 1 和串口 2)，硬件上没有同步信号脚。每个串行口由两个数据缓冲器、一个移位寄存器、一个串行控制寄存器和一个波特率发生器等组成。每个串行口的数据缓冲器由两个互相独立的接收、发送缓冲器构成，分别是 SBUF 和 S2BUF，可以同时发送和接收数据。发送缓冲器只能写入而不能读出，接收缓冲器只能读出而不能写入，因而发送和接收缓冲器可以共用一个地址及名称。STC12C5A60S2 系列单片机数据的发送和接收均在特定波特率时钟的驱动下逐位发送和接收，即移位寄存器。波特率时钟来源有三个选择：第一个是系统时钟的分频，第二个是定时器 1 溢出率时钟的分频，第三个是独立波特率发生器的溢出率的分频。

两个串口是独立于 CPU 且可以各自运行的外设，当 CPU 通过总线将待发送的数据写入 SBUF 或 S2BUF 后，该值被立即载入移位寄存器，移位寄存器负责将数据逐位地按位周期输出至 TXD 脚供接收端采样，无需 CPU 干预，因此 CPU 可以继续执行其他语句。在发送过程中，CPU 可以查询发送的状态。逐位接收过程也无需 CPU 干预，CPU 可以随时查询串口接收的状态。图 9.6 给出了串口 1 的结构，由图可以看出，串口 1 外设有两个 SBUF，虽然地址和名称是相同的，但物理上是两个寄存器：一个是只读寄存器，用于接收数据；一个是只写寄存器，用于发射数据。

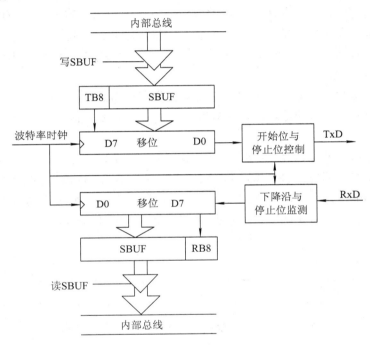

图 9.6　串口 1 外设结构简化图

串口外设的发送脚有一个并转串的寄存器，将数据写入 SBUF 后，在波特率时钟的驱动下，数据被串行地发送出去。接收脚有一个串转并的移位寄存器，当检测到下降沿(开始位)后，在波特率时钟的驱动下采样 RxD 电平，从而得到一组并行的数据，如图 9.7 所示。

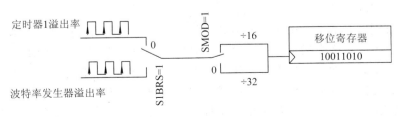

图 9.7　波特率与移位寄存器

9.3　SBUF 的区别与使用

　　STC12C5A60S2 系列单片机的串行口 1 缓冲寄存器(SBUF)的地址是 99H，实际是两个物理上独立的缓冲器，只是地址和寄存器名称一样而已。写 SBUF 的操作完成待发送数据的加载至发送的 SBUF，读 SBUF 的操作可获得已接收到的数据即读取接收 SBUF 保存的数据。两个操作分别对应两个不同的寄存器，一个是只写寄存器，另一个是只读寄存器。"SBUF=a；"语句操作的是发送 SBUF。"a=SBUF；"语句操作的是接收 SBUF。

　　在写入 SBUF 信号的控制下，把数据装入移位寄存器。在波特率时钟的驱动下，移位寄存器逐位地将数据输出至 TxD，先输出最低位。若要发送 9 位数据，TB8 的值也被装入移位寄存器的第 9 位，并进行发送。

　　串行通道的接收寄存器是一个输入串转并移位寄存器。当一帧接收完毕后，移位寄存器中的数据字节装入串行数据缓冲器 SBUF 中，若是 9 位数据区，其第 9 位则装入 SCON 寄存器中的 RB8 位。

　　假设通过串口向外发送 0x16 字节，且 TB8 被赋值为 1，在执行完 SBUF=0x16 后，串口外设立即启动发送流程，CPU 继续执行下面的语句。假设串口通信波特率为 400 b/s，即位周期等于 2.5 ms，则在 TxD 管脚上的电平波形变化如图 9.8 所示。当接收端按相同的通信格式进行配置时，即可正确解析出数据 0x16，同时 RB8 位为 1。

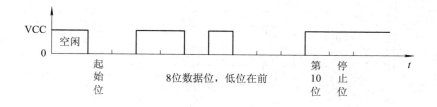

图 9.8　串口发送 0x16 时 TXD 波形图

　　由于接收通道内设有输入移位寄存器和 SBUF 缓冲器，当一帧接收完成时，数据由移位寄存器装入 SBUF。CPU 应在下一帧接收结束前从 SBUF 缓冲器中读取数据，否则前一帧数据将被覆盖，因为若接收完成下一帧数据后，移位寄存器内的值立即载入 SBUF。

　　发送端以 400 波特率按图 9.8 发送 0x16 字节，那么接收端以 115 200 波特率接收时，接收端将接收到什么数据？由于收发双方的波特率不同，而且接收端的位周期非常小，发送端的每一个下降沿都会被认为是一个帧的开始位。发送方的一个位周期比接收端的一个帧周期都大，发送端的每一位的高电平都会被认为空闲，每一位的低电平都会被认为是一个通信帧，因此接收端会解析出该波形对应的字节数据是 3 个 0x00。

　　表 9.1 给出了 STC12C5A60S2 系列单片机串口 1 的相关寄存器名称及其位作用。

表9.1　串口 1 相关寄存器

符号	描述	地址									复位值
SCON	控制寄存器	9AH	SM0/FE	SM1	SM2	REN	TB8	RB8	TI	RI	0000 0000
SBUF	串口 1 缓存	9BH									XXXX XXXX
BRT	波特率发生器装载数	9CH									0000 0000
AUXR	辅助寄存器	8EH	T0x12	T1x12	UART_M0x6	BRTR	S2SMOD	BRTx12	EXTRAM	S1BRS	0000 0000
IE	中断使能	A8H	EA	ELVD	EADC	ES	ET1	EX1	ET0	EX0	0000 0000
IP	中断优先级	B5H	PPCA	PLVD	PADC	PS	PT1	PX1	PT0	PX0	0000 0000
IPH	中断优先级高位	B6H	PPCAH	PLVDH	PADCH	PSH	PT1H	PX1H	PT0H	PX0H	0000 0000
SADEN	从机地址掩码	B9H									0000 0000
SADDR	从机地址	A9H									0000 0000
WAKE_CLKO	时钟输出与唤醒	8FH	PCAWAKEUP	RxD_PIN_IE	T1_PIN_IE	T0_PIN_IE	LVD_WAKE	BRTCLKO	T1CLKO	T0CLKO	

表9.2 给出了辅助寄存器 AUXR 中与串口 1 有关的位定义及作用。

表9.2　辅助寄存器 AUXR

符　号	地址	位	B7	B6	B5	B4	B3	B2	B1	B0
AUXR	8EH	位名	*	T1x12	UART_M0x6	BRTR	*	BRTx12	*	S1BRS
T1x12	定时器 1 的速度设置位 0：系统时钟 12 分频作为定时器 1 的输入时钟 1：系统时钟不分频作为定时器 1 的输入时钟									
UART_M0x6	串行口 1 方式 0 的通信速度设置位 0：系统时钟 12 分频作为 UART 串口 1 模式 0 的输入时钟 1：系统时钟 2 分频作为 UART 串口 1 模式 0 的输入时钟									
BRTR	独立波特率发生器运行控制位 0：独立波特率发生器停止运行 1：启动独立波特率发生器运行									
BRTx12	独立波特率发生器计数速度控制位 0：每 12 个系统时钟，波特率发生器的计数器加 1 1：每 1 个系统时钟，波特率计数器加 1									
S1BRS	串口波特率发生器选择位 0：选择定时器 1 作为串口波特率发生器 1：选择独立波特率发生器作为串口波特率发生器									

表 9.3 给出了电源控制寄存器 PCON 中与串口 1 有关的位定义及作用。

表 9.3 电源控制寄存器 PCON

符 号	地址	位	B7	B6	B5	B4	B3	B2	B1	B0
PCON	87H	位名	SMOD	SMOD0	*	*	*	*	*	*
SMOD	串口 1 的波特率加倍控制位 0：串口 1 的波特率不加倍 1：串口 1 的波特率加倍即 ×2，详见波特率公式									
SMOD0	帧错误检测控制位 0：SCON 寄存器中的 SM0/FE 位用于 SM0 和 SM1 组合配置串口 1 的工作方式 1：SCON 寄存器中的 SM0/FE 位用于 FE(帧错误检测)功能									

表 9.4 给出了串口 1 控制寄存器 SCON 的位定义与作用。

表 9.4 串口 1 控制寄存器 SCON

符 号	地址	位	B7	B6	B5	B4	B3	B2	B1	B0
SCON	98H	位名	SM0/FE	SM1	SM2	REN	TB8	RB8	TI	RI
SM0/FE	当 PCON 寄存器中的 SMOD0 位为 1 时，该位用于帧错误检测。当检测到一个无效停止位时，通过 UART 接收器设置该位。它必须由软件清零 当 PCON 寄存器中的 SMOD0 位为 0 时，该位和 SM1 一起指定串行通信的工作方式									
SM0 SM1	串口 1 工作方式配置组合 00：方式 0 01：方式 1 10：方式 2 11：方式 3									
SM2	允许方式 2 或方式 3 多机通信控制位，详见后文 0：接收方处于数据帧接收状态，发送方是数据帧的发送状态 1：接收方处于地址帧接收状态，发送方是地址帧的发送状态									
REN	允许/禁止串行接收控制位 1：允许串行接收，开始接收信息 0：禁止串口接收数据									
TB8	串口 1 工作在方式 2 或方式 3 时，它为要发送的第 9 位数据位									
RB8	串口 1 工作在方式 2 或方式 3 时，它为接收到的第 9 位数据位									
TI	发送完成标志位 当串口 1 发送完 1 个完整帧后，TI 被硬件自动置 1，此时可向 CPU 申请中断服务。TI 只能通过程序进行清零									
RI	接收完成标志位 当串口 1 接收到一个完整帧时，RI 被硬件自动置 1，此时可向 CPU 申请中断服务。RI 只能通过程序进行清零									

表 9.5 给出了独立波特率发生器装载数 BRT 的相关位及作用。

表 9.5 独立波特率发生器装载数 BRT

符 号	地址	位	B7	B6	B5	B4	B3	B2	B1	B0
BRT	9CH	位名								
BRT	波特率发生器的计数器溢出时的重载值 AUXR 中的 BRTx12=0 时，计数器的输入时钟为系统时钟(晶振)的 12 分频 BRTx12=1 时，计数器的输入时钟为系统时钟(晶振)，不分频									

表 9.6 给出了时钟输出与唤醒寄存器 WAKE_CLK 中与串口 1 有关的位及作用。

表 9.6 时钟输出与唤醒寄存器 WAKE_CLKO(默认 0x00)

符 号	地址	位	B7	B6	B5	B4	B3	B2	B1	B0
WAKE_CLKO	8FH	位名	*	RxD_PIN_IE	*	*	*	BRTCLKO	*	*
RxD_PIN_IE	掉电模式下，允许 RxD 管脚的下降沿置位 RI 以及使能 RxD 唤醒 MCU 0：禁止 P30(RXD)下降沿置位 RI，也禁止 RxD 唤醒 Power Down 1：允许 P30(RXD)下降沿置位 RI，也允许 RxD 唤醒 Power Down									
BRTCLKO	是否允许将 P10 配置为独立波特率发生器溢出时进行电平翻转 0：不允许将 P10 配置为独立波特率发生器溢出时钟输出 1：允许将 P10 配置为独立波特率发生器溢出时钟输出，输出时钟频率=BRT 溢出率/2									

表 9.7 给出了串口 1 的中断优先级相关的位及组合分级。

表 9.7 串口 1 中断优先级配置寄存器 IP 和 IPH

符 号	地址	位	B7	B6	B5	B4	B3	B2	B1	B0
IPH	B7H	位名	*	*	*	PSH	*	*	*	*
IP	B8	位名				PS				
PSH PS	PS、PSH 组合，配置优先级，3 级最高 00：0 级 01：1 级 10：2 级 11：3 级									

表 9.8 给出了中断允许寄存器 IE 中与串口 1 有关的位及作用。

表 9.8 中断允许寄存器 IE

符 号	地址	位	B7	B6	B5	B4	B3	B2	B1	B0
IE	A8H	位名	EA	*	*	ES	*	*	*	*
EA	CPU 总中断允许控制位 0：CPU 屏蔽所有的中断申请 1：CPU 开放总中断									

9.4　串口 1 的工作方式

9.4.1　串口 1 的工作方式 0

当软件设置 SCON 的 SM0、SM1 为 "00" 时，串行口 1 则以方式 0 工作。在方式 0 状态下，串行通信接口工作在同步 8 位移位寄存器模式，RxD 为数据的输入输出管脚，TxD 为时钟输出管脚，在 TxD 时钟上升沿的驱动下，实现数据的并串转换。TxD 的移位时钟来源于系统时钟。当 UART_M0x6/AUXR.5=0 时，其时钟频率为系统时钟的 12 分频即 SYSClk/12。当 UART_M0x6/AUXR.5 =1 时，其时钟频率为系统时钟的 2 分频即 SYSClk/2。工作方式 0 时，外接移位寄存器，用于输入输出口的扩展，其接口逻辑电路如图 9.9 和图 9.10 所示。方式 0 的发送过程是：当主机执行将数据写入发送缓冲器 SBUF 指令时启动发送，串行口即将数据以设定的波特率在 RxD 管脚输出，同时 TxD 管脚输出相应波特率的驱动时钟。方式 0 的接收过程是：接收时，复位接收中清除标志 RI，即 RI=0，置位允许接收控制位 REN=1 时启动接收过程。启动接收过程后，RxD 为串行输入端，TxD 为输出的同步脉冲输出端。74LS165 芯片上电后，首先设置 S/L 端为低电平，此时芯片将 D0～D7 脚上的高低电平数据存入芯片内寄存器 Q0～Q7，然后设置 S/L 端为高电平，此时芯片进入数据发送状态，在外部时钟的驱动下将寄存器内数据通过 SO 串行发送(QH 也会发送反相数据)。

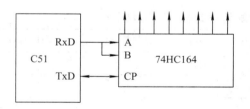

图 9.9　串口扩展输出

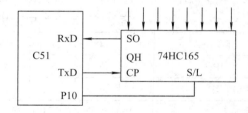

图 9.10　串口扩展输入

在这里给出输入时查询方式的部分主要代码：

```
void main()
{
    InitUART();          //初始化串口、配置方式、波特率等
    while(1)
    {
        P10= 0;          //数据载入位设为低电平，开始读取 8 个输入脚的电平
        P10= 1;          //数据载入位设为高电平，将数据写入内部寄存器
        while(!RI);      //等待直到寄存器接收完成
        dat = SBUF;      //读出数据
```

```
        RI = 0;              //允许串口接收下一组数据
    }
}
```

9.4.2 串行口 1 的工作方式 1

当软件设置 SCON 的 SM0、SM1 为 "01" 时，串行口 1 则以方式 1 工作。此方式为 8 位数据 UART 格式，一帧信息为 10 位：1 位起始位，8 位数据位(低位在前)和 1 位停止位。TxD/P3.1 为发送信息脚，RxD/P3.0 为接收信息脚，串行口为全双工接收/发送串行口。在该方式下，波特率的时钟来源于定时器 1 或独立波特率发生器的溢出率时钟，因此波特率可变。图 9.11 和图 9.12 给出了串口 1 接收和发送过程的引脚电平变化及相关位信息的变化。当串口发送完成 "D7" 位时，TI 位被硬件自动置 "1"。当接收端接收到 "D7" 位时，RI 位被硬件自动置 "1"。CPU 可以通过查询 RI、TI 位信息从而了解串口发送情况。RI 和 TI 也是串口中断源之一，可以申请中断服务。

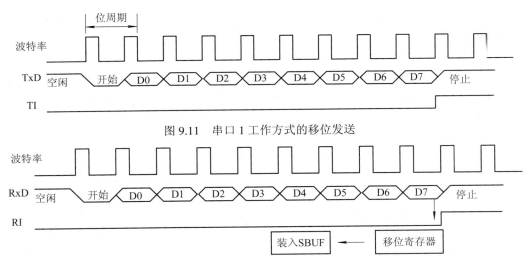

图 9.11 串口 1 工作方式的移位发送

图 9.12 串口 1 工作方式 1 的移位接收

假设波特率的时钟来源于定时器 1 溢出率的时钟，定时器需配置为 8 位自动重载模式且禁止中断服务，那么波特率和定时器 1 的初始值之间的关系式如何计算呢？STC12C5A60S2 系列单片机在硬件上进行了如下的设计。波特率的表达式为

$$\text{Baud} = \frac{2^{\text{SMOD}}}{32} \times \text{定时器 1 的溢出率} \tag{9-1}$$

其中 SMOD 为 PCON 寄存器中 B7 位，称为波特率加倍位。当 AUXR 寄存器中的 T1x12 位等于 0 时，有

$$\text{定时器 1 的溢出率} = \frac{\text{SYSClk}}{12 \times (256 - \text{TH1})} \tag{9-2}$$

SYSClk 为系统时钟，即外部输入时钟或晶振频率或内部 RC 时钟。当 AUXR 寄存器中的 T1x12 位等于 1 时，系统时钟不分频，直接输入定时器 1。

$$定时器 1 的溢出率 = \frac{SYSClk}{(256 - TH1)} \tag{9-3}$$

因此，波特率与定时器 1 的初始值之间的对应关系如下：

T1x12=0 时：

$$TH1 = 256 - \frac{2^{SMOD} \times SYSClk}{12 \times 32 \times Baud} \tag{9-4}$$

T1x12=1 时：

$$TH1 = 256 - \frac{2^{SMOD} \times SYSClk}{32 \times Baud} \tag{9-5}$$

独立波特率发生器实质上也是一个 8 位计数器，输入的时钟源为系统时钟或系统时钟的 12 分频，因此也对应一个溢出率。同理，独立波特率发生器的初始值的计算过程与此类似。

BRTx12=0 时：

$$BRT = 256 - \frac{2^{SMOD} \times SYSClk}{12 \times 32 \times Baud} \tag{9-6}$$

BRTx12=1 时：

$$BRT = 256 - \frac{2^{SMOD} \times SYSClk}{32 \times Baud} \tag{9-7}$$

其中 BRTx12 位是 AUXR 寄存器的 B2 位，作为波特率发生器的输入时钟是否 12 分频的控制位。

9.4.3 串行口 1 的工作方式 2

当 SM0、SM1 两位为"10"时，串行口 1 工作在方式 2。串行口 1 工作方式 2 为 9 位数据异步通信 UART 模式，其一帧的信息由 11 位组成：1 位起始位，8 位数据位(低位在前)，1 位可编程位(第 9 位数据)和 1 位停止位。发送时可编程位(第 9 位数据)由 SCON 中的 TB8 提供，可软件设置为 1 或 0。TB8 既可作为多机通信中的地址数据标志位，又可作为数据的奇偶校验位。若将数据写入 ACC 特殊功能寄存器，则 PSW 中的奇/偶校验位 P 值即为奇偶校验位的值。如果累加器 ACC 中 1 的个数为奇数，则 P 置 1；当累加器 ACC 中的个数为偶数(包括 0 个)时，P 位为 0。若采用奇校验，发送的字节数据中"1"的个数为奇数时，校验位为 0 即 TB8=0；"1"的个数为偶数时，校验位为 1 即 TB8=1，以保证高电平个数为奇数。若采用偶校验，发送的字节数据中"1"的个数为奇数时，校验位为 1 即 TB8=1；"1"的个数为偶数时，校验位为 0 即 TB8=0，以保证高电平个数为偶数。接收时的第 9 位数据装入 SCON 的 RB8。TxD/P3.1 为发送端口，RxD/P3.0 为接收端口，以全双工模式进行接收/发送。

串口工作在方式 2 时，其波特率时钟来源于系统时钟的分频，波特率的表达式为

$$Baud = \frac{2^{SMOD} \times SYSClk}{64} \tag{9-8}$$

该方式的波特率固定且由系统时钟决定。

9.4.4　串行口 1 的工作方式 3

当 SM0、SM1 两位为"11"组合时，串行口 1 工作在方式 3。串行通信方式 3 为 9 位数据异步通信 UART 模式，其一帧的信息由 11 位组成：1 位起始位、8 位数据位(低位在先)、1 位可编程位(第 9 位数据)和 1 位停止位。发送时可编程位(第 9 位数据)由 SCON 中的 TB8 提供，可软件设置为 1 或 0。接收时，第 9 位数据装入 SCON 的 RB8。TxD/P3.1 为发送端口，RxD/P3.0 为接收端口，以全双工模式进行接收/发送。图 9.13 和图 9.14 给出了串口发送和接收时，引脚电平变化及相关位信息的变化。当串口发送完成"TB8"位时，TI 位被硬件自动置 1。当接收端接收到"RB8"位时，RI 位被硬件自动置 1。CPU 可以通过查询 RI、TI 位信息从而了解串口的发送情况，RI 和 TI 也是串口中断源之一，可以申请中断服务。

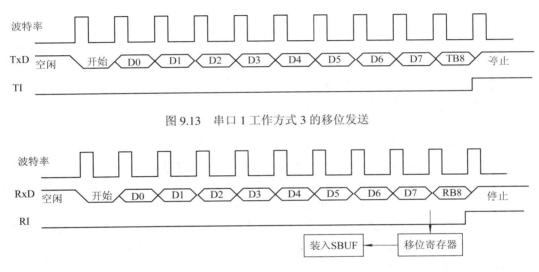

图 9.13　串口 1 工作方式 3 的移位发送

图 9.14　串口 1 工作方式 3 的移位接收

方式 3 和方式 1 一样，其波特率可通过软件对定时器 1 或对独立波特率发生器的设置进行选择，是可变的。初始值的计算与方式 1 也是一样的，不同点就是每一帧的数据位增加了 1 位。

9.4.5　波特率误差

为了串口通信的通用性和兼容性，习惯上将波特率的值都设置为 600 的整数倍，如9600、38 400、115 200 等。当串口工作在方式 1 和方式 3 时，根据波特率计算相应的初始值并赋值给寄存器 TH1 或 BRT。TH1 和 BRT 只能保存 0～255 之间的整数，分数时必须进行取舍。假设单片机工作在 12T 分频模式，外部晶振频率为 11.0592 MHz，通信波特率为9600 b/s，波特率不加倍，那么定时器 1 的初始值为

$$\text{TH1} = 256 - \frac{11\ 059\ 200}{12 \times 32 \times 9600} = 253 \tag{9-9}$$

此值刚好为整数，没有取舍。若晶振频率为 12 MHz，那么定时器 1 的初始值为

$$TH1 = 256 - \frac{12\ 000\ 000}{12 \times 32 \times 9600} = 252.7 \approx 253 \tag{9-10}$$

由于对初始值进行了取舍，对应的波特率也会产生误差。那么实际波特率为

$$Baud = \frac{12\ 000\ 000}{12 \times 32 \times (256 - 253)} = 10416 \tag{9-11}$$

对应的波特率误差为

$$B_{err} = \frac{10416 - 9600}{9600} = 11\% \tag{9-12}$$

如果误差的绝对值大于 3%，则应改变波特率或晶体频率。

9.5 串口中断

CPU 暂停 main 函数，跳转执行串口的中断服务程序的三个条件是：

(1) CPU 开放总中断，允许中断源申请中断服务，即 EA=1；

(2) 允许串口源申请中断服务即 ES=1 或 ES2=1；

(3) 有中断事件发生，即中断标志位 RI‖TI=1 或 S2RI‖S2TI=1。

当串口接收到一个完整字节后，RI 或 S2RI 由硬件自动置 1。当串口发送完成一个完整字节后，TI 或 S2TI 由硬件自动置 1。只要中断条件满足，CPU 会立即跳转至相应的中断服务程序处并执行。图 9.15 给出了串口中断服务程序的执行流程，其中服务程序和 main 函数的首地址是假设编号。在 Keil C 语言编程中，串口 1 的中断号是 4，串口 2 的中断号是 8。串口中断标志位是自动置 1，那么什么时候会重新清零呢？由于串口标志位是两个标志位或的结果，因此无论是采用中断法还是查询法，其标志位必须由软件清零，如为自动清零，将导致无法判断是什么条件触发的中断申请。

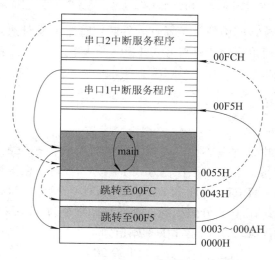

图 9.15 串口中断服务程序执行流程

9.6　多 机 通 信

在很多实际应用系统中，需要两台或多台 MCU 协调工作。STC12C5A60S2 系列单片机的串行通信方式 2 和方式 3 具有多机通信功能，可构成各种分布式通信系统。图 9.16 为全双工主从式多机通信系统的连接框图。

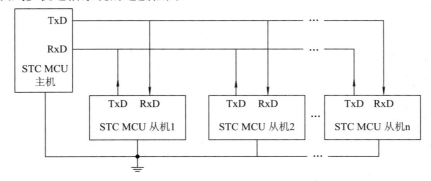

图 9.16　多机通信连接方案

双机通信框架比较简单，将它们的串行口线进行交叉相连即可。为确保通信成功，通信双方必须在软件上进行规定，通常称为软件通信协议，如相同的波特率、通信方式和数据包格式等。常用的数据包格式如图 9.17 所示。

包头	字节数n	数据1	数据2	…	数据 n	累加校验和

图 9.17　数据包格式

包头可以设置为连续 5 个 0x55 等，以保证数据字节位对齐。字节数 n 指示待发送的数据包的数据个数，数据 1 至数据 n 为待发送的 n 帧数据，累加校验和为数据 1、数据 2 至数据 n 所有数据的和的低 8 位。接收方根据接收到的数据计算累加和与接收的累加和进行比对，判断数据传输的可靠性并发回响应数据包。

在多机通信系统中，主机可与任一台从机通信。图 9.16 所示的连接方案中，从机之间不能进行直接通信，必须由主机进行转发，即从机不能主动发起通信的开始，避免了从机同时发送数据，数据总线上的电平就会紊乱。在多机通信系统中，为保证主机(发送)与多台从机(接收)之间能可靠通信，串行通信必须具备地址识别能力。MCS-51 系列单片机的SCON 寄存器中设有多机通信选择位 SM2。多机通信的串口通信方式设置为方式 2 或方式 3，即每帧 11 个数据位。发送端通过设置 TB8 以区分地址帧和数据帧。TB8=1，表示该帧为地址帧；TB8=0，表示该帧为数据帧，如图 9.18 所示。接收方通过设置 SM2 使串口处于地址帧接收状态和数据帧接收状态。SM2=1，从机处于接收地址帧的状态；SM2=0 从机处于接收数据帧的状态。当 SM=2 时，只有到达的串口数据为地址帧即第 10 位等于 1 串口才会将接收到的数据送入 SBUF 并置位 RI，到达的数据帧被忽略丢弃。当 SM2=0 时，从机处于数据帧的接收状态，仅对总线上的数据帧进行响应，对地址帧不响应。从机在程序上，接收前将串口设置为地址帧接收状态，将地址帧数据与自己的地址进行比对，若相同则进行响应并切换至数据帧接收状态 SM2=0，否则继续监听地址帧。数据通信完毕后，设置从机重新恢复到地址帧接收状态，SM2=1，如图 9.19 所示。图 9.19 中的从机判断是否地址帧是由串口硬件自动识别的，程序中无需识别，只有地址帧才会被送入接收 SBUF 中。

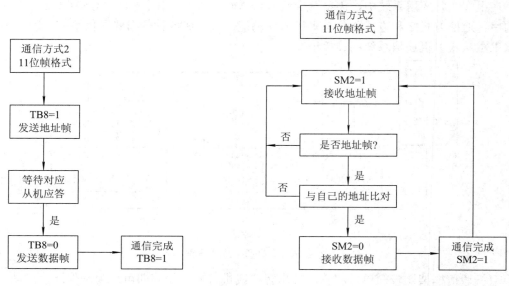

图 9.18　主机通信流程　　　　　　　　图 9.19　从机通信流程

为了方便多机通信，STC12C5A60S2 系列单片机增加了从机地址控制寄存器 SADEN 和 SADDR。其中 SADEN 是从机地址掩模寄存器(地址为 B9H，复位值为 00H)，SADDR 是从机地址寄存器(地址为 A9H，复位值为 00H)。MCS-51 单片机的从机地址判断是通过软件进行的，STC 单片机增加了 SADDR 寄存器进行硬件地址匹配。只有二者相同，才会把接收到的地址帧送入 SBUF 并置位 RI。若地址帧数据与 SADDR 内容不同，则直接丢弃。初始化时，将 SADDR 写入特定的地址编号即可。同时还有一个从机地址掩码寄存器 SADEN，设置从机地址匹配时的规则。若 SADEN 某一位为 1，则接收的地址帧中对应位必须和 SADDR 中的对应位相同；若 SADEN 某一位为 0，地址匹配时忽略这一位。例如 SADDR=0x55=01010101B，SADEN=0xFF，则地址帧中的所有位必须和 SADDR 相同时才会响应。若 SADEN=0xFE，则地址匹配时忽略最低一位的匹配，即从机会响应的地址帧数据为 0101010X。

9.7　串口 2 的使用

STC12C5A60S2 系列单片机有两个独立的串口，即串口 1 和串口 2，两个串口的使用方法基本相同，串口 2 的波特率只能是独立波特率发生器或系统时钟。在硬件上，串口 2 从机没有地址控制寄存器 SADEN 和 SADDR。表 9.9 给出了与串口 2 相关的寄存器名称与地址。

表 9.9 串口 2 相关寄存器

符号	描述	地址									复位值
S2CON	控制寄存器	9AH	S2SM0	S2SM1	S2SM2	S2REN	S2TB8	S2RB8	S2TI	S2RI	0000 0000
S2SBUF	缓存	9BH									xxxx xxxx
BRT	波特率发生器装载数	9CH									0000 0000
AUXR	辅助寄存器	8EH	T0x12	T1x12	UART_M0x6	BRTR	S2SMOD	BRTx12	EXTRAM	S1BRS	0000 0000
IE	中断使能	A8H	EA	ELVD	EADC	ES	ET1	EX1	ET0	EX0	0000 0000
IE2	中断使能 2	AFH	—	—	—	—	—	—	ESPI	ES2	xxxx xx00
IP2	优先级 2	B5H	—	—	—	—	—	—	PSPI	PS2	xxxx xx00
IP2H	优先级 2 高位	B6H	—	—	—	—	—	—	PSPIH	PS2H	xxxx xx00
AUXR1	辅助寄存器 1	A2H	—	PCA_P4	SPI_P4	S2_P4	GF2	ADRJ	—	DPS	x000 00x0

表 9.10 给出了串口 2 控制寄存器 S2CON 的位名称与作用。

表 9.10 串口 2 控制寄存器 S2CON

符 号	地址	位	B7	B6	B5	B4	B3	B2	B1	B0
S2CON	9AH	位名	S2SM0	S2SM1	S2SM2	S2REN	S2TB8	S2RB8	S2TI	S2RI
S2SM0 S2SM1		串口 2 工作方式配置组合 00：方式 0 01：方式 1 10：方式 2 11：方式 3								
S2SM2		允许方式 2 或方式 3 多机通信从机接收状态控制位 0：数据帧接收状态 1：地址帧接收状态								
S2REN		允许/禁止串行 2 接收控制位 1：允许串行 2 接收信息，开始接收信息 0：禁止串口 2 接收数据								
S2TB8		串口 2 工作在方式 2 或方式 3 时，它为要发送的第 9 位数据位								
S2RB8		串口 2 工作在方式 2 或方式 3 时，它为接收到的第 9 位数据位								
S2TI		发送完成标志位 当串口 2 发送完 1 个完整帧后，S2TI 被硬件自动置 1，此时可向 CPU 申请中断服务。S2TI 只能通过程序进行清零								
S2RI		接收完成标志位 当串口 2 接收到一个完整帧时，S2RI 被硬件自动置 1，此时可向 CPU 申请中断服务。S2RI 只能通过程序进行清零								

表 9.11 给出了辅助寄存器 AUXR1 中与串口 2 有关的位名称及作用。

表 9.11　串口 2 辅助寄存器 AUXR1

符　号	地址	位	B7	B6	B5	B4	B3	B2	B1	B0
AUXR1	A2H	位名	—	PCA_P4	SPI_P4	S2_P4	GF2	ADRJ	—	DPS
S2_P4	串口 2 管脚选择位 0：UART2 切换于 P1 口、RXD/P1.2、TXD/P1.3 1：UART2 切换于 P4 口、RXD/P4.2、TXD/P4.3									

其他寄存器的作用与使用和串口 1 的类似，请读者自行分析阅读芯片手册。

9.8　应 用 实 例

例程 1　采用查询方式进行串口 1 的程序收发，通过串口 1 接收到一个字节的数据，加 1 后再通过串口 1 发送回去。使用定时器 1 的溢出率作为波特率时钟源，晶振频率为 22.1184 MHz，波特率为 19200 b/s，有 8 位数据位和 1 位停止位，没有校验位，即 19200-8-N-1。程序代码如下：

```c
#include <STC12C5A60S2.H>

void main()
{
    TMOD=0x20;              //设置定时器 1 为模式 2
    SM0=0;                  //设置串口为方式 1
    SM1=1;
    REN=1;                  //允许串口 1 接收
    TH1=TL1=0xFD;           //赋初始值 19200@22.1184 MHz
    TR1=1;                  //启动定时器 1
    while(1)
    {
        if(RI==1)          //查询标志位
        {
            RI=0;
            SBUF=SBUF+1;        //从接收缓存区读取数据后加 1 并写入发送缓存区
            while(TI==0);       //等待发送完成
            TI=0;
        }
    }
}
```

例程 2 采用中断法进行串口 1 的程序收发，通过串口 1 接收到一个字节的数据，加 1 后再通过串口 1 发送回去。使用独立波特率发生器溢出率作为波特率时钟源，晶振频率为 22.1184 MHz，波特率为 19200 b/s，有 8 位数据位和 1 位停止位，没有校验位，即 19200-8-N-1。 在这里要注意，串口 1 的服务程序不是由程序直接调用的。当满足中断条件后，CPU 自动跳转至相应的中断服务程序处并执行。程序代码如下：

```
#include <STC12C5A60S2.H>
void main()
{
        TMOD=0x20;          //设置定时器 1 为模式 2
        SM0=0;              //设置串口为方式 1
        SM1=1;
        REN=1;              //允许串口 1 接收
        PCON=0x00;          //波特率不加倍，SMOD=0
        TH1=TL1=0xFD;       //赋初始值 19200@22.1184 MHz
        TR1=1;              //启动定时器 1
        ES=1;               //允许串口 1 中断申请
        EA=1;               //CPU 开放总中断
        while(1);           //等待串口 1 接收到数据触发中断
}

void UART1_ISR() interrupt 4
{
        if(TI)      //串口 1 数据发送完成，TI 置位引起的中断服务程序
            TI=0;
        else        //串口 1 接收到一个完整的字节数据
        {
            RI=0;
            SBUF=SBUF+1; //从接收缓存区读数加 1 并写入发送缓存区
        }
}
```

例程 3 多机通信，主机通过串口 1 给编号为 0x55 的从机发送数据，从机通过串口 2 接收到数据后，将数据加 1 后再通过串口 2 发送回去，通信结束。主从机使用独立波特率发生器的溢出率作为波特率的时钟源，晶振频率为 22.1184 MHz，波特率为 19200 b/s、8 位数据位、1 位校验位、1 位停止位，即 19200-9-N-1。校验位在这里用于区分数据帧和地址帧。通信协议如下：主机发送地址帧 0x55，对应从机发回响应 0xaa 数据帧。主机收到响应后，发送一个字节的数据 0x12，然后接收一个从机发送的字节数据，通信结束。

主机程序 main.c 代码如下：

```
#include <STC12C5A60S2.H>
void main()
```

```
    {
        unsigned char tmp;

        SM0=1;              //设置串口为方式 3
        SM1=1;
        SM2=0;              //接收数据帧状态，默认
        REN=1;              //运行串口 1 接收
        PCON=0x00;          //波特率不加倍 SMOD=0
        AUXR=0x11;          //使用波特率发生器溢出率作为串口 1 的时钟源并启动
                            //每 12 个系统时钟波特率计数器加 1
        BRT=0xFD;           //赋初始值 19200@22.1184 MHz
        TB8=1;              //第 10 位设置为 1
        SBUF=0x55;
        while(TI==0); TI=0; //等待发送完毕
        while(RI==0);       //等待从机的应答
        RI=0;
        tmp=SBUF;
        TB8=0;              //切换发送数据帧
        SBUF=0x12;
        while(TI==0); TI=0;
        while(RI==0);       //等待从机发回的数据
        RI=0;
        tmp=SBUF;
        while(1);           //结束通信
    }
```

从机程序 main.c 代码如下：

```
    #include <STC12C5A60S2.H>

    void main()
    {
        unsigned char tmp;

        S2CON=0x70;         //S2M0=1, S2M1=S2M2=S2REN=1 串口 2 模式 3
                            //允许接收，S2TB8=0 第 10 位设置为 0
        AUXR=0x11;          //使用波特率发生器溢出率作为串口 2 的时钟源并启动
                            //每 12 个系统时钟波特率计数器加 1，波特率不加倍
        BRT=0xFD;           //赋初始值 19200@22.1184 MHz

        while(1)
```

```
        {
            if(S2CON&0x01)                          //等待 S2RI=1
            {
                tmp=S2SBUF;
                if(tmp==0x55)                       //与本从机地址一致
                {
                    S2SBUF=0xaa;
                    while(S2CON&0x20); S2CON=S2CON&0xfd);   //等待发送完毕
                    S2CON=SCON&0xfe;        //清 S2RI=0
                    while(S2CON&0x01==0);   //等待数据帧的到来
                    S2CON=SCON&0xfe;        //清 S2RI=0
                    S2SBUF=S2SBUF+1;
                    while(S2CON&0x20);      //等待发送完毕  通信完成
                    S2CON=S2CON&0xfd;       //清除标志位
                }
            }
        }
    }
```

第 10 章 PCA 与 PWM

可编程计数器阵列 PCA(Programmable Counter Array)常用于定时和时钟输出，STC12C5A60S2 系列单片机集成了两路可编程计数器阵列(PCA)模块，两路模块共用一个 16 位计数器寄存器(CH，CL)，可用于软件定时器、外部脉冲的捕捉、高速输出以及脉宽调制(PWM)输出。16 位计数器的输入时钟源频率可选，适用不同的计数速度。当管脚电平出现下降沿和上升沿时，PCA 模块将捕获此刻计数寄存器的值并保存在相应的寄存器中，即为捕获模式。软件定时器、高速输出和 PWM 输出核心部分就是比较器，当 PCA 计数器中的值与 CCAPn 的值相等时，触发匹配条件，进行对应的输出和中断。

脉宽调制 PWM(Pulse Width Modulation)是利用微处理器的数字输出来对模拟电路进行控制的一种非常有效的技术，广泛应用在从测量、通信到功率控制与变换的许多领域中。

脉冲宽度调制波通常由一列占空比不同的矩形脉冲构成，不同占空比的脉冲对应的平均值是不同的，因此可以用于数模转换 DAC，如图 10.1 所示。占空比定义为脉冲的高电平时间与周期之比，其最大值为 1。

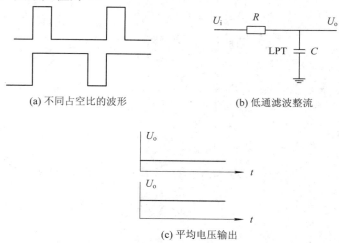

(a) 不同占空比的波形　　　　　(b) 低通滤波整流

(c) 平均电压输出

图 10.1　PWM 脉宽调制式 D/A 转换原理、输出波形

10.1　与 PCA/PWM 应用有关的特殊功能寄存器

表 10.1 给出了与 PCA 相关的特殊功能寄存器的名称及其位作用。

表 10.1　与 PCA/PWM 有关的寄存器名称及位名称

符　号	寄存器描述	地址	B7	B6	B5	B4	B3	B2	B1	B0	复位值
CCON	PCA 控制	D8H	CF	CR	—	—	—	—	CCF1	CCF0	00xx xx00
CMOD	PCA 模式	D9H	CIDL	—	—	—	—	CPS2	CPS1	CPS0	0xxx 0000
CCAPM0	PCA0 模式	DAH	—	ECOM0	CAPP0	CAPN0	MAT0	TOG0	PWM0	ECCF0	x000 0000
CCAPM1	PCA1 模式	DBH	—	ECOM1	CAPP1	CAPN1	MAT1	TOG1	PWM1	ECCF1	x000 0000
CL	PCA 高位计数器	E9H									0000 0000
CH	PCA 高位计数器	F9H									0000 0000
CCAP0L	PCA0 捕捉低位	EAH									0000 0000
CCAP0H	PCA0 捕捉高位	FAH									0000 0000
CCAP1L	PCA1 捕捉低位	EBH									0000 0000
CCAP1H	PCA1 捕捉高位	FBH									0000 0000
PCA_PWM0	PWM 辅助 0	F2H							EPC0H	EPC0L	xxxx xx00
PCA_PWM1	PWM 辅助 1	F3H							EPC1H	EPC1L	xxxx xx00
AUXR1	辅助寄存器 1	A2H	—	PCA_P4	SPI_P4	S2_P4	GF2	ADRJ	—	DPS	x000 00x0

表 10.2 给出了 PCA 工作模式寄存器 CMOD 的位名称及其作用。

表 10.2　PCA 工作模式寄存器 CMOD

寄存器名称	地址	位	B7	B6	B5	B4	B3	B2	B1	B0
CMOD	D9H	位名	CIDL	—	—	—	CPS2	CPS1	CPS0	ECF
CIDL		空闲模式下 PCA 计数器是否停止计数控制位 0：空闲模式下 PCA 计数器继续计数 1：空闲模式下 PCA 计数器停止计数								
CPS2 CPS1 CPS0		PCA 计数器的时钟脉冲选择控制位 000：系统时钟 12 分频，SYSClk/12 001：系统时钟 2 分频，SYSClk/2 010：定时器 0 的溢出脉冲 011：ECI/P1.2(或 P1.4)脚输入的时钟，最大 SYSClk/2 100：系统时钟，SYSClk 101：系统时钟 4 分频，SYSClk/4 110：系统时钟 6 分频，SYSClk/6 111：系统时钟 8 分频，SYSClk/8								
ECF		PCA 计数器溢出中断使能控制位。 0：PCA 计数器溢出时，禁止向 CPU 申请中断 1：PCA 计数器溢出时，允许向 CPU 申请中断								

表 10.3 给出了 PCA 控制寄存器 CCON 的位名称及其作用。

表 10.3　PCA 控制寄存器 CCON

寄存器名称	地址	位	B7	B6	B5	B4	B3	B2	B1	B0
CCON	D8H	位名	CF	CR	—	—	—	—	CCF1	CCF0
CF		PCA 计数器溢出标志位 0：未发生溢出 1：PCA 计数器计数溢出，由硬件自动置 1，可申请中断服务，CF 只能由软件清零								
CR		PCA 计数器启动控制位之一 空闲模式： CIDL=0 时，CR=1 启动计数器，CR=0 停止计数 CIDL=1 时，不管 CR=1 或 0，PCA 计数器均停止 正常模式： CR=1 启动计数器，CR=0 停止计数，与 CIDL 无关								
CCF1		PCA 模块 1 匹配中断标志位 当出现匹配或捕获时，该位由硬件自动置 1，只能由软件清零								
CCF0		PCA 模块 0 匹配中断标志位 当出现匹配或捕获时，该位由硬件自动置 1，只能由软件清零								

图 10.2 给出了 PCA 定时器/计数器的结构，AUXR1.6 位用于选择捕获输出管脚是在 P1 口还是在 P4 口。由结构图可以看出，PCA 的核心部件就是一个 16 位计数器，由 CH 和 CL 两个寄存器组成。PCA 计数器溢出时，CCON.7/CF 自动置 1，若 ECF=1，允许中断申请，

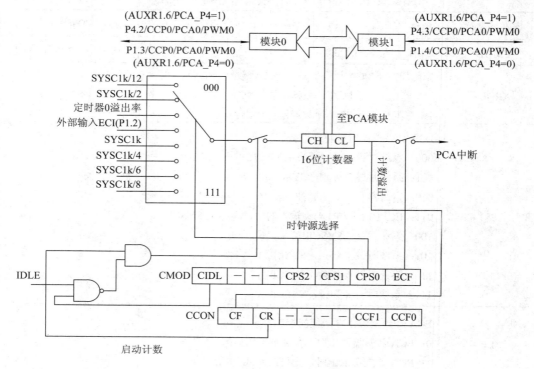

图 10.2　PCA 定时器/计数器结构

将会向 CPU 申请中断服务。PCA 计数器的输入脉冲有 8 个时钟源，由 CPS2、CPS1 和 CPS0 的组合决定。CCON.6/CR、CMOD.7/CIDL 与 IDLE 共同决定计数器是否启动计数。另外，模块 0 和模块 1 共用 16 位计数器寄存器。PCA 模块的各特殊功能寄存器本节不采用逐个介绍的方式，这里介绍在各个工作模式下，如何配置各个位。CMOD 与 CCON 为 PCA 计数器配置的核心寄存器，是匹配捕获的基础，在这里先详细介绍。

10.2　PCA 中断结构

图 10.3 给出了 PCA 的中断结构，由图可以看出，PCA 模块的中断源有 3 个，分别是 PCA 计数器溢出中断、PCA0 模块 0 的比较器匹配中断和 PCA1 模块 1 的匹配中断。CF 位 与 ECF 位首先进行"与"操作，然后再与另外两组进行"或"运算。只要 EA=1，CPU 即 可响应其中断，在中断处理程序中，必须查询中断标志位，判断具体发生了哪个中断。3 个 中断源的标志位可以由硬件或软件置 1，但必须由软件清零。

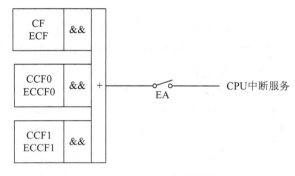

图 10.3　PCA 中断结构

10.3　PCA 模块的工作模式

1. 捕获模式

PCA 模块工作于捕获模式的结构图如图 10.4 所示。要使一个 PCA 模块工作在捕获模 式下，寄存器 CCAPMn 的两位(CAPNn 和 CAPPn)中至少其中一位必须置 1，分别对应下降 沿和上升沿的时刻进行捕获 CH 和 CL 寄存器的值。模块 0 捕获管脚 P1.3 的沿跳变，模块 1 捕获管脚 P1.4 的沿跳变。在该模式下，CCAPMn 寄存器的值如图 10.4 中所示。PCA 模 块工作于捕获模式时，对模块的外部 CCPn 输入(CCP0/P1.3, CCP1/P1.4)的跳变进行采样。 当采样到有效跳变时，PCA 硬件就将计数器阵列寄存器(CH 和 CL)的值装载到模块的捕获 寄存器中(CCAPnL 和 CCAPnH)，同时捕获标志位 CCF1 或 CCF0 自动置 1。如果 CCAPMn 特殊功能寄存器中的 ECCFn 位被置 1，允许中断申请，捕捉时将产生中断。可在中断服务 程序中根据 CCON 寄存器中的捕获标志位 CCFn 判断哪一个模块产生了中断，中断标志位 CCFn 只能由软件清零。

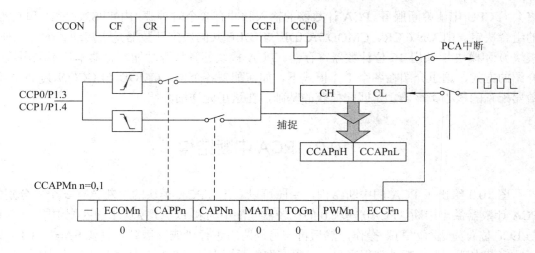

图 10.4　PCA 捕获模式

2．16 位软件定时器模式

通过置位 CCAPMn 寄存器的 ECOMn 和 MATn 位，可使 PCA 模块用作软件定时器，如图 10.5 所示。当 CH 与 CL 的计数值与 CCAPnH 与 CCAPnL 的值分别相等时，CCON 中的 CCF0 或 CCF1 被置 1。如果 CCAPMn 中的 ECCFn 设置位 1，将向 CPU 申请中断服务。匹配完成后，我们可以增加 CCAPnH 与 CCAPnL 的值，实现一定间隔后的再次相等。比较功能要使能 16 位比较器 n，即 CCAPMn 中的 ECOMn=1。写 CCAPnL 会使 ECOMn=0，写 CCAPnH 会使 ECOMn=1，因此实际中先写 CCAPnL，后写 CCAPnH。

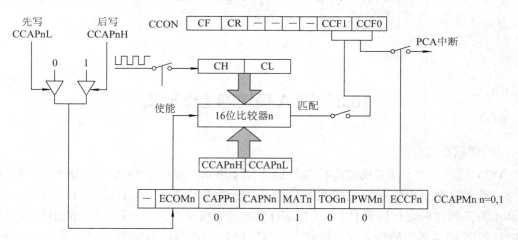

图 10.5　16 位软件定时比较模式结构图

假设外部晶振频率为 12 MHz，CMOD 寄存器中的分频系数选择 101，即系统时钟的 12 分频，那么输入 PCA 计数器的时钟频率为 1 MHz。若 CCAPnH 和 CCAPnL 里赋值均为 00 且运行过程中不修改，那么 CH 与 CL 与该两个寄存器两次完全匹配的时间间隔为 65 536 个时钟周期(即 65536 μs)。若使能 ECCFn 中断，在中断服务器里面统计溢出次数，实现定时。在中断服务程序里的 CCAPnH 和 CCAPnL 值可以每次增加一个固定数，实现定时匹配。

3．高速脉冲输出模式

将 PCA 配置为高速脉冲输出模式的结构如图 10.6 所示，当 PCA 计数器的计数值(CH，CL)与模块捕获寄存器的值相匹配时，PCA 模块的 CCPn 脚输出将发生翻转。要激活高速输出模式，CCAPMn 寄存器的 TOGn、MATn 和 ECOMn 位必须都置 1。当(CH，CL)与(CCAPnH，CCAPnL)匹配时，对应的 PCAn 模块的输出脚电平进行翻转，同时 CCON 中的 CCFn 被硬件置 1。当 CCAPMn 中 ECCFn 设置为 1 时，可向 CPU 申请中断服务。CCAPn 的输出频率为匹配率的 1/2，应用中，可在中断服务中将 CCAPnH、CCAPnL 寄存器中增加定值，实现固定时间间隔的溢出。

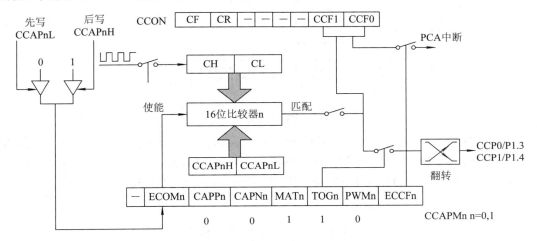

图 10.6　PCA 高速脉冲输出模式

假设外部晶振频率为 12 MHz，CMOD 寄存器中的分频系数选择 101，即系统时钟的 12 分频，那么输入 PCA 计数器的时钟频率为 1 MHz。若 CCAPnH 和 CCAPnL 里的赋值均为 00 且运行过程中不修改，那么 CH 与 CL 与该两个寄存器两次完全匹配的时间间隔为 65536 个时钟周期(即 65536 μs)。CCPn 管脚电平高低电平各占 65536 μs，输出波形的周期为 65536×2 μs。若使能 ECCFn 中断，则在中断服务程序里的 CCAPnH 和 CCAPnL 值可以每次增加一个固定数，实现输出时钟周期的减小且为方波，n=0 或 1。

4．脉宽调节模式(PWM)

脉宽调制 PWM (Pulse Width Modulation)是一种使用程序来控制波形占空比、周期、相位波形的技术，在三相电机驱动、D/A 转换等场合有广泛的应用。STC12C5A60S2 系列单片机的 PCA 模块可以通过程序设定，使其工作于 8 位 PWM 模式。PWM 模式的结构如图 10.7 所示。

若要使 PCA 工作在 PWM 输出模式，则图 10.7 中 CCAPMn 的 ECOMn 和 PWMn 位置 1，n=0 或 1。PCA 采用 8 位进行计数，当 CL 溢出时，[EPCnH,CCAPnH]9 位自动载入(EPCnL，CCAPnL)中。当(0，CL)<(EPCnL，CCAPnL)时，PWMn 脚输出 0；当[0,CL]≥[EPCnL,CCAPnL]时，PWMn 脚输出 1。PWM 的输出口为强上拉模式，注意限流。若 EPCnH 位置 1，PWMn 输出总是 0，因为 CL 的不可能大于 256。若 EPCnH 位和 CCAPnH 寄存器的值均为 0，PWMn 输出总是 1。

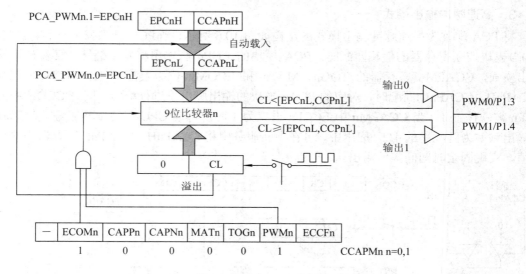

图 10.7　PWM 输出模式结构

假设外部晶振频率为 12 MHz，CMOD 寄存器中的分频系数选择"101"，选择系统时钟的 12 分频，即输入 PCA 计数器的时钟频率为 1 MHz，PWMn 时钟频率即为 1 MHz/256。若 EPCnH 位清零，CCAPnH=0xF0，则其输出占空比(256−0xF0)/256=6.25%。

10.4　应 用 实 例

例程 1　利用 PCA0 模块的捕获功能，采用中断法处理 P1.3 脚的下降沿事件。在中断处理程序中将 P0 口电平翻转。

源文件 main.c 代码如下：

```
#include <STC12C5A60S2.H>

void main()
{
    CCON=0x00;     //CF CR CCF0 CCF1=0
    CL=0;
    CH=0;          //清零计数寄存器
    CMOD=0;        //时钟源 SYSClk/12 禁止 PCA 计数器溢出中断
//PCA 模块 0 捕获 P1.3 下降沿，并使能 PCA 的中断.0x21 上升沿 0x31 上下沿均捕获
    CCAPM0=0x11;
    CR=1;          //启动 PCA 计数器
    EA=1;
    while(1);
}
```

```
void PCA_ISR() interrupt 7
{
    CCF0=0;                    //清除中断标志位
    P0=~P0;
}
```

例程 2　将 PCA0 配置成 16 位定时模式，实现每隔 1 s 数码管更新一次。程序中计算初始值，使每隔 0.01 s 匹配一次，匹配 100 次即为 1 s，匹配后在中断服务程序中更新递增匹配寄存器的值。

源代码 main.c 文件如下：

```
#include <STC12C5A60S2.H>
#include "shumaguan.h"


#define FOSC 22118400
#define T100HZ (FOSC/12/100)    //匹配率，100 Hz 对应的计数周期数
unsigned int value=0;           //下一次的匹配数
unsigned char sec=0;            //显示的秒数
unsigned int count=0;           //记录匹配的次数
void main()
{
    CCON=0x00;                  //CF CR CCF0 CCF1=0
    CL=0;
    CH=0;                       //计数寄存器清零
    CMOD=0;                     //时钟源 SYSClk/12 禁止 PCA 计数器溢出中断
    CCAP0L=T100HZ;              //比较寄存器
    CCAP0H=T100HZ>>8;
    value=value+T100HZ;
    CCAPM0=0x49;                //PCA 模块 0 工作在 16 位计数器模式，使能 PCA 中断
    ShowInt(0);                 //更细数码管，代码略
    CR=1;                       //启动 PCA 计数器
    EA=1;
    while(1);
}


void PCA_ISR() interrupt 7
{
    CCF0=0;                    //清除中断标志位
    CCAP0L=value;
    CCAP0H=value>>8;
```

```
        value=value+T100HZ;
        count++;
        if(count==100)
        {
            count=0;
            sec++;
            ShowInt(sec);
        }
    }
```

例程 3 将 PCA0 配置成高速脉冲 P1.3 输出模式，频率为 10 kHz，PCA 计数器时钟源为 SYSClk/2，同时每隔 1 s 数码管更新一次。程序中计算匹配初始值，匹配后在中断服务程序中更新递增匹配寄存器的值。

源代码 main.c 文件如下：

```
        #include <STC12C5A60S2.H>
        #include "shumaguan.h"

        #define FOSC 22118400
        #define T10KHZ (FOSC/4/10000)      //匹配率/2，20 kHz 对应的计数周期数
        unsigned int value=0;              //下一次的匹配数
        unsigned char sec=0;               //显示的秒数
        unsigned int count=0;              //记录匹配的次数
        void main()
        {
            CCON=0x00;                     //CF CR CCF0 CCF1=0
            CL=0;
            CH=0;                          //计数寄存器清零
            CMOD=0x02;                     //时钟源 SYSClk/2 禁止 PCA 计数器溢出中断
            CCAP0L=T10KHZ;                 //比较寄存器
            CCAP0H=T10KHZ>>8;
            value=value+T10KHZ;
//PCA 模块 0 工作在高速脉冲输出模式，使能 PCA 中断，使能 P1.3 输出翻转
            CCAPM0=0x4d;
            ShowInt(0);
            CR=1;                          //启动 PCA 计数器
            EA=1;
            while(1);
        }
```

```
void PCA_ISR() interrupt 7
{
    CCF0=0;                    //清除中断标志位
    CCAP0L=value;
    CCAP0H=value>>8;
    value=value+T10KHZ;
    count++;
    if(count==20000)
    {
        count=0;
        sec++;
        ShowInt(sec);
    }
}
```

例程 4　将 PCA0 配置成 P1.3 脚 PWM0 输出模式，PCA 计数器时钟源为 SYSClk/2，则 PWM 的频率为 SYSClk/2/256。程序中计算匹配初始值，匹配后在中断服务程序中更新递增匹配寄存器的值。

源代码 main.c 文件如下：

```
#include <STC12C5A60S2.H>
#include "shumaguan.h"

#define FOSC 22118400
#define T10KHZ (FOSC/4/10000)       //匹配率/2，20 kHz 对应的计数周期数
unsigned int value=0;               //下一次的匹配数

//初始化 PWM duty 占空比  0<duty <1
void InitPWM(float duty)            //PWM0 初始化
{
    unsigned char value;
    value=256-(int)(256*duty);
    CCON=0x00;                      //CF CR CCF0 CCF1=0
    CL=0;
    CH=0;                           //计数寄存器清零
    CMOD=0x02;   //时钟源 SYSClk/2 禁止 PCA 计数器溢出中断 PWM 频率 SYSClk/2/256
    CCAP0H=value;
    CCAP0L=value;
    CCAPM0=0x42; //PCA 模块 0 工作在 8 位 P1.3 的 PWM 模式，禁止中断
    CR=1;                 //启动 PCA 计数器
```

```
    }

    void main()
    {
        InitPWM(0.9);
        while(1);
    }
```

第 11 章 模/数转换与数/模转换

模/数转换是把输入的模拟信号转换成数字信号输出的电路，常写成 A/D 转换或 ADC(Analog Digital Converter)。数/模转换是把输入的数字信号转换成模拟信号输出的电路，常写成 D/A 转换或 DAC(Digital Analog Converter)。D/A 输出的模拟信号并不真正是能连续变化的模拟信号，而是以所用 DAC 的绝对分辨率为单位增减的非连续模拟量，所以实际上 DAC 是准模拟量输出。

11.1　A/D 转换和 D/A 转换的主要参数

A/D、D/A 转换大量用于数字电压计以及数据采集处理系统中，用途不同则对性能要求亦有区别。数字电压计等要求使用方便、高精度且抗干扰性好，而对速度要求不高。然而在数据采集处理设备中，则要求处理高频高速信号或多通道，同时处理或者在线高速处理。这首先就要有高速处理性能。使用或者设计 DAC、ADC 时，对其有关性能必须了解清楚才能做到合理应用。常用的性能参数有：变换速度、分辨率和转换精度、基准电压。

1．变换速度

A/D 变换速度是指变换启动开始直至变换结束，送出数字量所需要的时间，也可以表示为单位时间的转换次数，即频率。根据转换速度把 A/D 可分为超高速(>100 Mb/s)、高速(100～10 Mb/s)、中速(10 Mb/s～10 kb/s)和低速(<10 kb/s)几挡。在 D/A 转换中，从输入的数字信号发生变化开始到输出值稳定在额定值的 LSB/2 以内所需的时间称为建立时间。根据 D/A 建立时间可将 D/A 分为超高速(<0.1 μs)、极高速(0.1～1 μs)、高速(1～10 μs)、中速(10～100 μs)和低速(>100 μs)。

2．分辨率和转换精度

分辨率是指分辨能力，也就是能够分辨出即检测出信号变化的最小量化单位。用数字的位数来表示二进制数称为比特(bit)数，比如通常说的 12 位 A/D(D/A)转换，二进制位数越多则分辨率越高。

精度是表示实际输出与理想理论性的输出之差，一般分辨率越高精度越高，在应用中也用数字的二进制位数代表转换精度。

3．基准电压

在 A/D 和 D/A 中都需要和转换精度相对应的模拟基准电压，转换的精度越高要求的模拟基准的精度要求越高，基准一般为对地的单极性电压基准。

11.2　A/D 转换原理

早期的 A/D 转换方式比较多，发展淘汰后保存下少量几种：高速的并行比较式、中速的逐位比较式、低速的双积分式、高精度 $\sum-\Delta$ 式。下面介绍并行比较式和逐位比较式。

1. 并行比较式 A/D 转换原理

并行比较式 A/D 转换是速度最高的一种模数转换，其原理框图如图 11.1 所示。并行比较式 A/D 转换的组成：由等值(两端为半值)电阻分压构成 2^n 个等差的基准电压，每个基准电压连接到一个电压比较器的反相输入端，每一个电压比较器输出连接一个 D 触发器。在采样时钟的同步触发下，比较器的输出同时被锁存到对应的 D 触发器中。

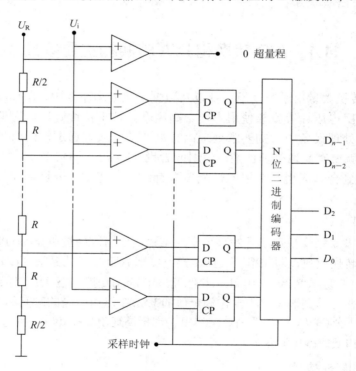

图 11.1　并行比较式 A/D 转换原理

当输入电压 U_i 大于某个基准电压 U_R 时，该基准电压以下的比较器都输出"1"；当输入电压 U_i 小于某个基准电压时，该基准电压以上的比较器都输出"0"。n 位二进制编码器根据 2^{n-1} 个 D 触发器的输出进行二进制编码，输出 n 位二进制数据。

在并行比较式 A/D 转换中，2^n 个比较器同时比较，所以转换速度最快，最高可达每秒数千兆次转换。它的精度受各比较器和基准电压的限制。所需要的比较器的个数随转换的二进制位数成倍增长，所以并行转换的位数一般为 8 位，最高不超过 10 位。并行比较式 A/D 转换适用于对转换速度要求较高的场合。

2. 逐位比较式 A/D 转换

逐位比较式 A/D 转换也称为逐位逼近式 A/D 转换，其转换原理框图如图 11.2 所示，它由电压比较器 VC、逐位逼近寄存器 SAR、模数转换 D/A 和参考电压 U_R 构成。

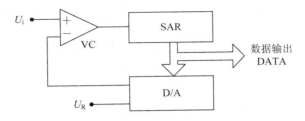

图 11.2　逐位比较式 A/D 转换原理

逐位比较式 A/D 的转换过程类似于用天平称量质量的过程，输入的模拟电压 U_i 相当于待测质量 M，比较器相当于天平，逐位比较寄存器输出的数字量通过 D/A 后输出的电压 U_o 相当于天平的试探码的总重量，而逐位逼近寄存器 SAR 相当于称量过程中人的作用。和天平在称量过程从大到小逐级加砝码进行试探一样，逐位逼近寄存器 SAR 从二进制数的高位到低位依次进行试探，并根据比较器的结果决定该试探位的留或舍，直到全部二进制位试探完毕为止。

以 8 位二进制逐位比较式 A/D 的转换过程为例，假设 U_R=8V，U_i=5.3V。第一步，SAR 输出 8 位二进制 10000000(D_7=1，其余位为 0)，D/A 输出 $U_R/2$。如果 $U_i>U_R/2$，则比较器 VC 输出"1"。如果 $U_i<U_R/2$，则比较器 VC 输出"0"。SAR 根据 VC 的输出确定 D_7 的留舍，如果电压比较器 VC 输出 1，就保留 D_7=1，否则就清掉 D_7=0，这里 D_7=1。第二步，在第一步的基础上再使 D_6=1 即 SAR 输出 11000000，D/A 输出在第一步的基础上再加上 $U_R/4$，SAR 根据 VC 的输出确定 D_6 的留舍，直到最末一位，DATA=10101001。

11.3　D/A 转换原理

D/A 转换器原理可分为权电阻电流式、R-$2R$ 电阻网络电压分压式、R-$2R$ 电阻网络电流式、等值电阻分压式、PWM 积分式等多种类型。掌握 D/A 的转换原理，有助于灵活选择 D/A 转换方案。

设 D/A 转换数字量 D 的二进制位数为 n，模拟基准电压也称为参考电压为 U_R，则 D/A 转换的模拟输出电压等于代码为 1 的各二进制位所对应的各分模拟电压之和，则模拟输出 U_o 为

$$|U_o|=\left|\frac{U_R}{2^n}\times D\right|=\left|\frac{U_R}{2^n}\right|\times\left(\sum_{i=0}^{n-1}2^i D_i\right)\tag{11-1}$$

数字量 D 的最小值为 0，最大值为 2^n-1，所以 U_o 是一个不超过 U_R，以 $U_R/2^n$ 改变的准模拟量，输出各种转换器就是根据这一原理设计而成的。

11.3.1　R-2R 电阻网络电流式 D/A 转换

R-2R 电阻网络的 D/A 转换只使用两种阻值的电阻，易实现集成化。如图 11.3 所示的电路为集成 8 位 D/A 转换器 AD7524、TLC7524、MAX7524 等原理图，图中用 R-2R 电阻网络实现按 1/2 规律递减的电流。

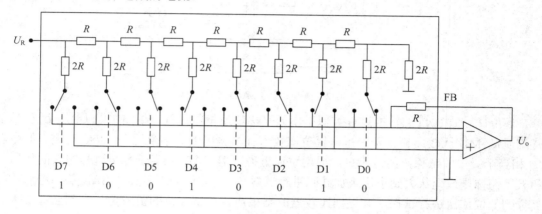

图 11.3　R-2R 电流式 D/A 转换原理

每个 2R 电阻可通过开关在运放的反相输入端和地之间切换，开关切换的两边都是地电位。图中对于每个 R 电阻的右边节点，其对地的电阻都是 R，所以每个 2R 电阻(最右边直接接地的 2R 电阻除外)的右边，等效的对地电阻也等于 2R，所以每个 R 电阻上的电流都等于它左边节点的 2R 电阻上的电流，而每个 2R 电阻流出的电流都等于节点流入电流的 1/2。也就是说，从左到右的 2R 电阻上的电流是按 1/2 规律递减的，由基准电源 U_R 提供的总电流 U_R/R。

电流输出型的 D/A 的输出电流一般为对地的短路电流，如 AD7520、AD7524 等电流输出型 n 位二进制 D/A 转换的对地短路电流输出 I_{01} 等于代码为 1 的各二进制位所对应的各支路分电流之和，即 1 号管脚电流。

$$I_{01} = \frac{U_R}{R} \times \left(\sum_{i=0}^{n-1} 2^i D_i \right) = \frac{D}{2^n} \times \frac{U_R}{R} \tag{11-2}$$

考虑到运放的虚断路性质(运放的输入电流等于 0)，上述电流等于反馈电阻上的电流。如果 8 位数字量 D=10010010B=92H=146，则其模拟输出电压为

$$U_o = -I_{01} \times R = -\frac{U_R}{R} \left[\frac{1}{2} + \frac{1}{16} + \frac{1}{128} \right] \times R = -\frac{U_R}{2^8} \times 146 \tag{11-3}$$

11.3.2　R-2R 电阻网络电压式 D/A 转换

R-2R 电阻网络电流式 D/A 转换有两个缺点：一是输出和模拟基准电压极性相反，在单极性电源系统中无法使用；二是提供的输出电流是对地电位的短路电流，必须借助具有虚短路功能的运放才能输出。

R-2R 电阻网络电压式 D/A 转换的原理电路如图 11.4 所示，由图可以看出 *R-2R* 电压式 D/A 是在 *R-2R* 电流式 D/A 的基础上变换而来的，即把电流输出换作基准输入，把基准输入换作电压输出。

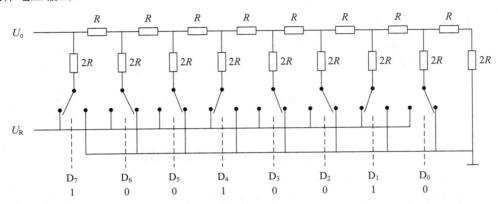

图 11.4　R-2R 电压式 D/A 转换原理

8 个开关分别由 8 位二进制控制，当 8 位二进制数字的某位数为 0 时，开关把 2*R* 电阻接地；为 1 时，接基准电压 U_R。用戴文南定理分析，最后可以获得 H 点的也就是输出的电压 U_o 为

$$U_o = \frac{U_R}{2^8} \times \left(\sum_{i=0}^{7} 2^i D_i \right) \tag{11-4}$$

数字量 D=10010010B=146，则输出的电压 U_o 为

$$U_o = U_R \times \left[\frac{1}{2} + \frac{1}{16} + \frac{1}{128} \right] = \frac{U_R}{2^8} \times 146 \tag{11-5}$$

R-2R 电阻网络电压式 D/A 转换的输出电压和模拟基准电压的极性相同，可以在单极性电源系统中使用，且无需借助运放就能输出，输出阻抗为 *R*，用运放跟随器或同相放大器可以降低输出阻抗。8 位单电源集成电路 D/A 转换器 DAC8800、DAC8426 和 12 位集成 D/A 转换器 AD8562、AD8612 采用的就是这种结构。

11.3.3　PWM 式 D/A 转换

PWM 式 D/A 转换即脉宽调制式 D/A 转换。首先把数字量变换为对应占空比的脉冲，数字越小，占空比越小，脉冲也越窄(周期相同)。不同占空比的脉冲通过低通滤波器(积分器)获得直流输出，当脉冲的占空比比较小(窄脉冲)时，通过低通滤波器后的输出电压较小。当脉冲的占空比比较大(宽脉冲)时通过低通滤波器后的输出电压较大，如图 11.5 所示。

PWM 式 D/A 转换的优点是硬件简单，不需要高精度的电阻网络就可以获得高精度、高稳定度的 DAC。对于可以输出不同脉宽的单片机来说，只利用一根输出口线就可以产生模拟量输出，但其缺点是转换速度比较慢。

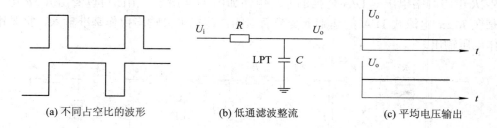

(a) 不同占空比的波形　　　　　(b) 低通滤波整流　　　　　(c) 平均电压输出

图 11.5　脉宽调制式 D/A 转换原理、输出波形

11.4　单片机 A/D 转换器的结构

STC12C5A60S2 系列单片机的内部 ADC 是逐次比较型 ADC，参考电压为 U_{CC}，单片机的 A/D 转换口在 P1 口(P1.7～P1.0)，有 8 路 10 位高速 A/D 转换器，速度可达到 250 kHz。上电复位后 P1 口为弱上拉型 I/O 口，用户可以通过软件将 8 路中的任何一路设置为模拟输入，A/D 转换的电压输入脚，无需作为 A/D 使用的口可继续作为 I/O 口使用。

STC12C5A60S2 系列单片机 ADC 的结构如图 11.6 所示。

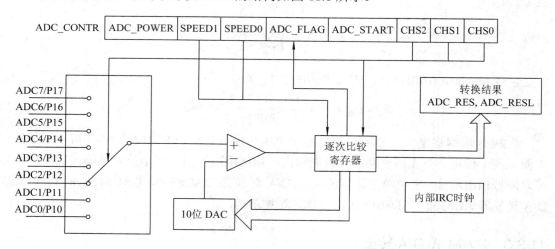

图 11.6　ADC 的结构

STC12C5A60S2 系列单片机 ADC 由多路选择开关、比较器、逐次比较寄存器、10 位 DAC、转换结果寄存器(ADC_RES 和 ADC_RESL)以及 ADC 控制寄存器 ADC_CONTR 构成。STC12C5A60S2 系列单片机的 ADC 是逐次比较型 ADC。逐次比较型 ADC 由一个比较器和 DAC 构成，通过逐次比较逻辑，从最高位(MSB)开始，顺序地对每一输入电压与内置 DAC 输出进行比较，经过多次比较，使转换所得的数字量逐次逼近输入模拟量对应值。逐次比较型 ADC 具有速度高，功耗低等优点。

由图 11.6 可以看出，由模拟多路开关将通过 ADC0～ADC7 的模拟量输入至比较器。用 DAC 的模拟量与本次输入的模拟量通过比较器进行比较，将比较结果保存到逐次比较器，并通过逐次比较寄存器输出转换结果。A/D 转换结束后，最终的转换结果保存到 ADC 转换结果寄存器 ADC_RES 和 ADC_RESL 中，同时置位 ADC 控制寄存器 ADC_CONTR 中的 A/D 转换结束标志位 ADC_FLAG，以供程序查询或发出中断申请。模拟通道的选择控制由 ADC 控制寄存器 ADC_CONTR 中的 CHS2~CHS0 来实现。ADC 的转换速度由 ADC 控制寄存器中的 SPEED1 和 SPEED0 确定。在使用 ADC 之前，应先给 ADC 上电，也就是置位 ADC 控制寄存器中的 ADC_POWER 位。

11.5　与 A/D 转换相关的寄存器

与 STC12C5A60S2 系列单片机 A/D 转换相关的寄存器如表 11.1 所示。

表 11.1　A/D 转换相关的寄存器

符　号	寄存器名称	地址	位地址及符号								复位值
			MSB							LSB	
P1ASF	P1 模拟输入配置	9DH	P17ASF	P16ASF	P15ASF	P14ASF	P13ASF	P12ASF	P11ASF	P10ASF	0000 0000B
ADC_CONTR	ADC 控制	BCH	ADC_POWER	SPEED1	SPEED0	ADC_FLAG	ADC_START	CHS2	CHS1	CHS0	0000 0000B
ADC_RES	高位结果	BDH									0000 0000B
ADC_RESL	低位结果	BEH									0000 0000B
AUXR1	辅助 1	A2H	—	PCA_P4	SPI_P4	S2_P4	GF2	ADRJ	—	DPS	x000 00x0B
IE	中断使能	A8H	EA	ELVD	EADC	ES	ET1	EX1	ET0	EX0	0000 0000B
IP	中断低优先级	B8H	PPCA	PLVD	PADC	PS	PT1	PX1	PT0	PX0	0000 0000B
IPH	中断高优先级	B7H	PPCAH	PLVDH	PADCH	PSH	PT1H	PX1H	PT0H	PX0H	0000 0000B

表 11.2 给出了 P1 口模拟功能控制寄存器 P1ASF 的位名称与作用。

表 11.2 P1 口模拟功能控制寄存器 P1ASF

名　称	地址	位	B7	B6	B5	B4	B3	B2	B1	B0
P1ASF	9DH	名称	P17ASF	P17ASF	P15ASF	P14ASF	P13ASF	P12ASF	P11ASF	P10ASF
P1xASF	P1x 口模拟功能控制位，x=0～7 0: I/O 口功能 1: 管脚为模拟量输入模式									

P1ASF 寄存器是只写寄存器，读无效。当 P1 口中的相应位作为 A/D 使用时，要将 P1ASF 中的相应位置 1，不能够进行位寻址。10 位精度的 A/D 转换结果保存在寄存器 ADC_RES 和 ADC_RESL 中，其格式与辅助寄存器 1 中的 ADRJ 位的值有关，见表 11.3 和表 11.4。

表 11.3 ADC 转换结果保存格式(ADRJ=0，默认)

ADC_RES	高位结果	BDH	RES9	RES8	RES7	RES6	RES5	RES4	RES3	RES2
ADC_RESL	低位结果	BEH							RES1	RES0
AUXR1	辅助 1	A2H	—	PCA_P4	SPI_P4	S2_P4	GF2	ADRJ	—	DPS

表 11.4 ADC 转换结果保存格式(ADRJ=1)

ADC_RES	高位结果	BDH							RES9	RES8
ADC_RESL	低位结果	BEH	RES7	RES6	RES5	RES4	RES3	RES2	RES1	RES0
AUXR1	辅助 1	A2H	—	PCA_P4	SPI_P4	S2_P4	GF2	ADRJ	—	DPS

AUXR1寄存器的ADRJ位是A/D转换结果寄存器(ADC_RES和ADC_RESL)的数据格式调整控制位。当ADRJ=0时，10位A/D转换结果的高8位存放在ADC_RES中，低2位存放在ADC_RESL的低2位中,则实际电压值为

$$U_{\text{IN}} = (\text{ADC\_RES} \times 4 + \text{ADC\_RESL} \ \& \ 0x03) \times \frac{U_{\text{CC}}}{1024} \tag{11-6}$$

当ADRJ=1时，10位A/D转换结果的高2位存放在ADC_RES的低2位中，低8位存放在ADC_RESL中，则实际电压值为

$$U_{\text{IN}} = (\text{ADC\_RES} \ \& \ 0x03) \times 256 + \text{ADC\_RESL}) \times \frac{U_{\text{CC}}}{1024} \tag{11-7}$$

STC12C5A60S2 系列单片机的 A/D 转换模块所使用的时钟是内部 R/C 振荡器产生的系统时钟，而不是时钟分频寄存器 CLK_DIV 对系统时钟分频后所提供给 CPU 工作所使用的时钟。这样处理两个优点：使 ADC 以较高的频率工作，提高 A/D 的转换速度；使 CPU 以较低的频率工作，降低系统的功耗。由于是两套时钟，所以设置 ADC_CONTR 控制寄存器后，要加 4 个空操作延时才可以正确读到 ADC_CONTR 寄存器的值。对 ADC_CONTR 寄存器进行操作建议来用直接赋值的方式，而不要采用读—修改—写的方式。表 11.5 给出了 ADC 控制寄存器 ADC_CONTR 位的名称及作用。

表 11.5　ADC 控制寄存器 ADC_CONTR

	地址	位	B7	B6	B5	B4	B3	B2	B1	B0
ADC_CONTR	BCH	名称	ADC_POWER	SPEED1	SPEED0	ADC_FLAG	ADC_START	CHS2	CHS1	CHS0
ADC_POWER	ADC 电源控制位 0：关闭 A/D 转换器电源 1：打开 A/D 转换器电源，建议启动 A/D 转换后，在 A/D 转换结束之前，不改变任何 I/O 的输出状态，有利于 ADC 的高精度转换									
SPEED1 SPEED0	ADC 转换所需时间设置 11：90 个时钟周期转换一次 10：180 个时钟周期转换一次 01：360 个时钟周期转换一次 00：540 个时钟周期转换一次									
ADC_FLAG	模数转换器转换结束标志位 0：启动 ADC 转换，A/D 转换未完成 1：A/D 转换完成，不管是 A/D 转换完成后由该位申请产生中断，还是由软件查询该标志位 A/D 转换是否结束，当 A/D 转换完成后，ADC_FLAG 一定要软件清零									
ADC_START	模数转换器(ADC)转换启动控制位 1：启动 ADC 转换 0：转换完成后，由硬件自动清零									
CHS2 CHS1 CHS0	模拟输入通道选择 000：选择 P1.0 作为 A/D 输入脚；001：选择 P1.1 作为 A/D 输入脚 010：选择 P1.2 作为 A/D 输入脚；011：选择 P1.3 作为 A/D 输入脚 100：选择 P1.4 作为 A/D 输入脚；101：选择 P1.5 作为 A/D 输入脚 110：选择 P1.6 作为 A/D 输入脚；111：选择 P1.7 作为 A/D 输入脚									

11.6　ADC 中断

表 11.6 给出了与 ADC 中断相关的寄存器名称及其相应的位。

表 11.6　A/D 中断相关的寄存器

	地址	位	B7	B6	B5	B4	B3	B2	B1	B0
IE	A8H	名称	EA	ELVD	EADC	ES	ET1	EX1	ET0	EX0
EA	CPU 总中断 0：CPU 禁止所有中断申请 1：CPU 开放总中断									
EADC	A/D 转换完成中断允许位 0：禁止 A/D 转换中断 1：允许 A/D 转换中断。若 ADC_FLAG=1，则向 CPU 申请中断服务									

表 11.7 给出了与 ADC 中断优先级相关的寄存器名称及其相应的位，IPH 寄存器和 IP 寄存器中各有 1 位用来控制 ADC 的中断优先级，分别为 PADCH 和 PADC。

表 11.7　ADC 中断优先级相关的寄存器

	地址	位	B7	B6	B5	B4	B3	B2	B1	B0
IP	B8H	名称	PPCA	PLVD	PADC	PS	PT1	PX1	PT0	PX0
IPH	B7H	名称	PPCAH	PLVDH	PADCH	PSH	PT1H	PX1H	PT0H	PX0H
PADCH PADC	中断优先级设置 00：优先级 0，最低 01：优先级 1 10：优先级 2 11：优先级 3，最高									

ADC 的中断服务程序能够被执行必须满足三个条件，即中断结构路径上的三个使能开关必须打开：允许 ADC 申请中断即即 EADC=1；CPU 开放总中断即 EA=1；必须有中断事件发生，即中断标志位 ADC_FLAG=1。ADC_START=1，启动 ADC 转换，转换完成后，ADC_FLAG 自动被硬件置 1，此时 CPU 就会接收到申请并执行其服务程序。执行流程如图 11.7 所示，图中 main 函数和中断服务程序的存储地址由编译器按需分配，随着代码量的变化而变化。

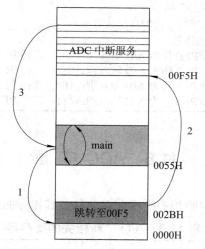

图 11.7　ADC 中断服务程序的执行流程

11.7　A/D 转换典型应用线路及实例

图 11.8 和图 11.9 所示的电路可以实现单个按键扫描和组合按键检测功能，但是具体电阻值和电压应根据实际需要进行选择和判断。

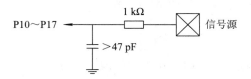

图 11.8　AD 采样电路

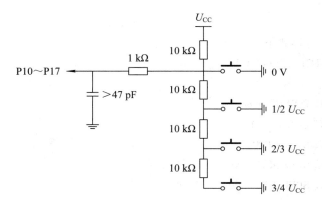

图 11.9　按键扫描电路

例程 1　采用查询方式来采样 P17 管脚电平，并用数码管显示。数码管小数点后显示 1 位，显示时将浮点数乘以 10 并四舍五入取整。显示函数 ShowFloat(float voltage)的代码略。
头文件 ADC.H 代码如下：

```
#ifndef __ADC_H_
#define __ADC_H_

void InitADC();
float GetADC(unsigned char chanel);

#endif
```

源代码 main.c 如下：

```
#include <STC12C5A60S2.H>
#include "shumaguan.h"
#include "ADC.h"

#define ADC_CHANNEL 7

void main()
{
    ShowFloat(0.0);
    InitADC();
```

```
                ShowFloat(GetADC(ADC_CHANNEL));
                while(1)
                {
                        delay1s();              //CPU 延时，代码略
                        P0=~P0;                 //将发光二极管翻转
                        ShowFloat(GetADC(ADC_CHANNEL));
                }
        }
```

源代码 ADC.c 内容如下：

```
        #include <STC12C5A60S2.H>


        #define ADC_POWER 0x80
        #define ADC_FLAG 0x10
        #define ADC_START 0x08
        #define ADC_SPEEDLL 0x00
        #define ADC_SPEEDHH 0x60


        #define VCC 5

        //P17 为 ADC 开漏采样口
        void InitADC()
        {
                unsigned char i;
                //AUXR1.ADJ=0 高 8 位保存在 ADC_RES，低 2 位保存在 ADC_RESL 后两位，默认
                P1ASF=0xFF;             //将 P1 的所有口均设置为模拟功能
                ADC_RES =0;
                ADC_RESL=0;
                ADC_CONTR=ADC_POWER|ADC_SPEEDLL;    //打开 ADC 电源和设置转换速度
                for(i=0;i<10;i++);


        }


        //采用 channel 通道管脚上的电压
        float GetADC(unsigned char chanel)
        {
                unsigned char i;
        //启动 ADC 采样，采用直接修改寄存器的方式
                ADC_CONTR=ADC_POWER|ADC_SPEEDLL|chanel|ADC_START;
                for(i=0;i<10;i++);
```

```
        while(!(ADC_CONTR&ADC_FLAG));           //等待转换结束
        ADC_CONTR&=~ADC_FLAG;                    //必须用软件清除标志位
        return (ADC_RES*4+ADC_RESL )/1024.0*VCC; //转换为实际电压值
    }
```

例程 2 采用 ADC 中断方式来采样 P17 管脚电平，并用数码管显示。数码管小数点后显示 1 位，显示时将浮点数乘以 10 并四舍五入取整。显示函数 ShowFloat(float voltage)的代码略。

头文件 ADC.H 代码如下：

```
#ifndef __ADC_H_
#define __ADC_H_
void InitADC();
#endif
```

源文件 Main.c 代码如下：

```
#include <STC12C5A60S2.H>
#include "shumaguan.h"
#include "ADC.h"

#define ADC_CHANNEL 7
#define VCC 5

#define ADC_POWER 0x80
#define ADC_FLAG 0x10
#define ADC_START 0x08
#define ADC_SPEEDLL 0x00
#define ADC_SPEEDHH 0x60
void main()
{
    ShowFloat(0.0);
    InitADC();
    IE=0xa0;         //EA=1,EADC=1，开放总中断，使能 ADC 中断申请
                     //启动 ADC 采样，采用直接修改寄存器的方式
    ADC_CONTR=ADC_POWER|ADC_SPEEDLL|ADC_CHANNEL|ADC_START;
    while(1);

}
void ADC_ISR() interrupt 5              //ADC 中断服务程序
{
    float vv;
    ADC_CONTR &= !ADC_FLAG;             //清除 ADC 中断标志位 ADC_FLAG
```

```
        vv=(ADC_RES*4+ADC_RESL )/1024.0*VCC;        //读取转换结构
        ShowFloat(vv);
        P0=~P0;
        delay1s();          //CPU 延时，代码略
        ADC_CONTR=ADC_POWER|ADC_SPEEDLL|ADC_CHANNEL|ADC_START;
                        //再次启动 ADC 采样
    }
```

源文件 ADC.c 代码如下：

```
    #include <STC12C5A60S2.H>

    #define ADC_POWER 0x80
    #define ADC_FLAG 0x10
    #define ADC_START 0x08
    #define ADC_SPEEDLL 0x00
    #define ADC_SPEEDHH 0x60

    #define VCC 5

    void InitADC()
    {
        unsigned char i;
        //AUXR1.ADJ=0 高 8 位保存在 ADC_RES，低 2 位保存在 ADC_RESL 后两位，默认
        P1ASF=0xFF;            //将 P1 的所有口均设置为模拟功能
        ADC_RES =0;
        ADC_RESL=0;
        ADC_CONTR=ADC_POWER|ADC_SPEEDLL;   //打开 ADC 电源和设置转换速度
        for(i=0;i<10;i++);
    }
```

第 12 章　I²C 协议与 24WC02

12.1　概　述

I²C 总线是 Phlips 公司推出的一种串行总线,具备多主机系统所需的包括总线裁决和高低速器件同步功能。I²C 总线只有两根线:一根是数据线 SDA;另一根是时钟线 SCL,SCL 始终由主机控制。I²C 总线通过上拉电阻接正电源 U_{CC},如图 12.1 所示。当总线空闲时,两根线均为高电平。连到总线上的任一器件输出的低电平,都将使总线的信号变低,即总线电平为各器件的 SDA 及 SCL 的线"与"关系。

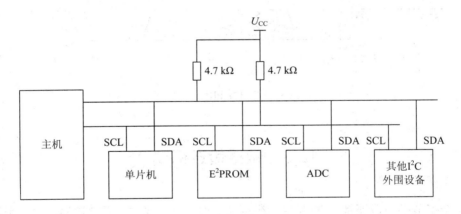

图 12.1　I²C 总线结构

每个接到 I²C 总线上的器件都有唯一的地址。数据传送时可以由主机发送数据到其他器件,这时主机即为发送器,总线上接收数据的器件则为接收器。

12.2　I²C 总线的数据传送

1. 数据位的有效性规定

I²C 设备在 SCL 上升沿后方可进行 SDA 数据的采集,因此 I²C 总线进行数据传送时,在时钟信号为高电平期间,数据线上的数据必须保持稳定。只有在时钟线上的信号为低电平期间,数据线上的高电平或低电平状态才允许变化。时序图如图 12.2 所示。

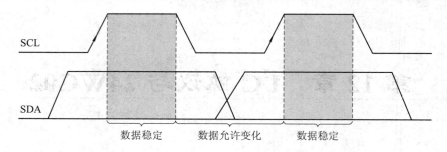

图 12.2　数据位的有效性

2. 起始、终止信号和空闲状态

在 SCL 线为高电平期间，SDA 线由高电平向低电平的变化表示起始信号 S；在 SCL 线为高电平期间，SDA 线由低电平向高电平的变化表示终止信号 P；发送停止条件后，SDA 和 SCL 线都为高电平，进入空闲状态。时序图如图 12.3 所示。

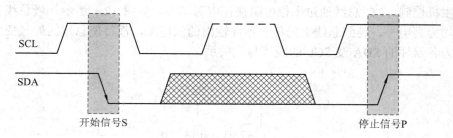

图 12.3　I^2C 开始和停止时序图

12.3　数据传送格式

每一个字节必须保证是 8 位长度。数据传送时，先传送最高位(MSB)，每一个被传送的字节后面都必须跟随一位应答位或非应答位，即一帧共有 9 位，如图 12.4 所示。

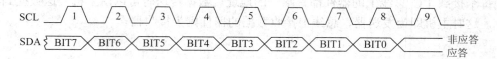

图 12.4　I^2C 的帧格式

应答响应为低电平，用 A 表示。非应答响应为高电平，用 $\overline{A}$ 表示，如图 12.5 所示。阴影区表示 SDA 数据方向是从主机到从机，空白区表示 SDA 数据方向是由从机到主机。在总线的一次数据传送过程中，常采用以下读/写两种组合方式：

(1) 主机向从机发送数据，数据传送方向在整个传送过程中不变，例如写操作，如图 12.5 所示。

图 12.5　I²C 数据方向及格式

(2) 在传送过程中，当需要改变传送方向时，起始信号和从机地址都必须被重复产生一次，两次读/写方向正好相反，例如选择性读操作，如图 12.6 所示。

图 12.6　I²C 数据传输方向的切换

12.4　CAT24WC02

CAT24WC01/02/04/08/16 是一个 1K/2K/4K/8K/16K 位串行 CMOS E²PROM，内部含有 128/256/1024/2048 个 8 位字节。CATALYST 公司利用先进的 CMOS 技术减少了器件的功耗。CAT24CW01 有一个 8 字节页写缓冲器，CAT24CW02/04/08/16 有一个 16 字节页写缓冲器。该器件通过 I²C 总线接口进行操作，具有专门的写保护功能；与 400 kHz I²C 总线兼容，工作电压为 1.8～6 V；具有 100 万次的编程周期，数据可保持 100 年。

12.4.1　管脚配置

24C02 的管脚与连线如图 12.7 所示。

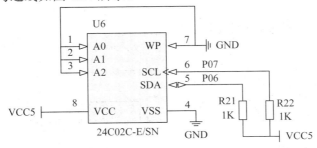

图 12.7　管脚与连线

SCL 管脚为串行时钟输入端，用于产生器件发送或接收数据的时钟，这是一个输入管脚。SDA 管脚为串行数据输入/输出端，是一个开漏输出管脚，可与其他开漏输出或集电极开路输出进行线与。A0、A1 和 A2 管脚是器件地址编码输入端，用于多个器件时的地址设置，当这些脚脚悬空时默认值为 0(24WC01 除外)。当使用 24WC01 或 24WC02 时，最多可连接 8 个器件；当使用 24WC04 时，最多可连接 4 个器件，此时仅使用 A1、A2，地址管脚 A0 未用，可连接 VSS 或悬空；当使用 24WC08 时，最多可连接 2 个器件，仅使用地址管脚 A2，A0、A1 管脚未用，可连接 GND 或悬空；当使用 24WC16 时，最多只可连接 1 个器件，所有地址管脚 A0、A1、A2 均未用，可连接到 GND 或悬空。WP 管脚为写保护选择端，如果 WP 管脚连接到 VCC，则所有的存储空间都被写保护，只能读。当 WP 管脚连接 GND 或悬空，则允许器件进行正常的读/写操作。

12.4.2 从器件地址

首先引入两个地址：芯片地址和字节存储地址。芯片地址是指该芯片在总线上所对应的编号，以区别于其他的芯片。字节存储地址是指特定的某个芯片内部数据存储的字节编号，即数据地址。I²C 存储芯片的芯片地址与字节存储地址的编码规则如图 12.8 所示。当芯片的存储量比较大时，芯片地址编码位数必须减少，空出的位供字节存储地址高位使用。

24WC01/02	1	0	1	0	A2	A1	A0	R/$\overline{\text{W}}$

24WC04	1	0	1	0	A2	A1	a8	R/$\overline{\text{W}}$

24WC08	1	0	1	0	A2	a9	a8	R/$\overline{\text{W}}$

24WC16	1	0	1	0	a10	a9	a8	R/$\overline{\text{W}}$

图 12.8　芯片地址的编码

A0、A1 和 A2 分别对应芯片管脚 1、2 和 3。a8、a9 和 a10 对应存储器的字节存储地址的高位。R/$\overline{\text{W}}$ 为读/写选择位，R/$\overline{\text{W}}$ =1，进行读操作；R/$\overline{\text{W}}$ =0，进行写操作。

12.4.3 芯片指标

芯片的主要电参数性能指标如图 12.9 所示。

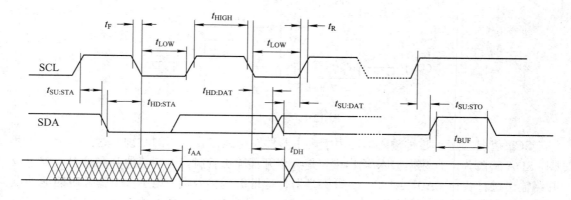

图 12.9　时间间隔示意图

表 12.1 给出了 I²C 操作的时序时间要求。在实际操作时不得低于这些时间。

表 12.1 I²C 操作的时序时间

参　数		U_{CC}=3 V		U_{CC}=5 V		单位
		最小	最大	最小	最大	
F_{SCL}	SCL 时钟频率		100		400	kHz
t_{AA}	SCL 变低至 SDA 数据输出及应答信号		3.5		1	μs
t_{HDSTA}	起始信号 SCL 保持高的时间	4		1.2		μs
t_{LOW}	SCL 低电平时间	4.7		1.2		μs
t_{HIGH}	SCL 高电平时间	4		0.6		μs
$t_{SU:STA}$	起始信号建立时间	4.7		0.6		μs
$t_{HD:DAT}$	数据输入保持时间	0		0		ns
$t_{SD:DAT}$	起始信号建立时间	50		50		ns
t_R	SDA 与 SCL 上升时间		1		0.3	μs
t_F	SDA 与 SCL 下降时间		300		300	ns
$t_{SU:STO}$	停止信号建立时间	4		0.6		μs
t_{DH}	数据输出保持时间	100		100		ns
t_{PUR}	上电到读操作	1		1		ms
t_{PUW}	上电到写操作	1		1		ms
t_{WR}	芯片接收到写指令到内部完成写操作的时间	10		10		ms

12.4.4　写操作

1．字节写

向 CAT24WC01/02/04/08/16 存储器的指定地址处写入一个字节的数据称为字节写操作，又称随机写。在字节写模式下，控制器发送起始命令和芯片地址信息(R/W=0)，线上地址相符的 E²PROM 芯片产生应答信号，即拉低 SDA 线。控制器接收到应答信号后，发送数据要存储的字节地址序号，芯片产生一个应答信号。控制器收到应答信号后再发送数据至 E²PROM 芯片，控制器收到应答，接着主机发送停止信号。E²PROM 芯片收到停止信号后，开始内部数据的擦写，在内部擦写过程中不再应答控制器的任何请求。字节写操作的字节位如图 12.10 所示。

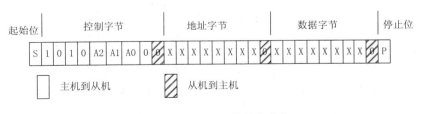

图 12.10　字节写操作的字节位

2. 连续页写

一个开始信号后连续写若干个字节的数据称为页写。CAT24WC01 可一次写入 8 个字节的数据，CAT24WC02/04/08/16 可一次写入 16 个字节的数据。页写的启动和字节写一样，不同之处在于传送了一个字节数据后并不产生停止信号，控制器可以继续发送数据。CAT24WC01/02/04/08/16 每接收到一个字节数据后，都产生一个应答位并将字节地址自动加 1。如果发送的数据字节数超过其页缓存器的大小，字节地址计数器将自动翻转至第一个地址处，先前写入的数据被覆盖。E^2PROM 芯片接收到停止信号后，CAT24CXXX 启动内部写周期，将所有接收的数据在一个写周期内写入 CAT24WC01/02/04/08/16 数据区。存储器的每页都有一个首地址，不能进行跨页写操作。页写操作的字节位如图 12.11 所示。

图 12.11　页写操作的字节位

12.4.5　读操作

对 CAT24WC01/02/04/08/16 读操作的初始化方式和写操作相同，仅把 R/W 位置 1。常用的读操作方式有两种：选择读和连续读。

1. 选择读

选择读允许控制器对存储器任意地址处的数据进行读操作，又称随机读。控制器首先通过发送起始信号和 CAT24WC01/02/04/08/16 的芯片地址，然后发送待读取的字节数据的地址，此时 R/W=0，执行一个伪写操作。收到相应芯片的应答之后，控制器重新发送起始信号和芯片的地址，此时 R/W=1，CAT24WC01/02/04/08/16 响应并发送应答信号，然后在控制器 SCL 信号驱动下输出所要求的一个 8 位字节数据。主器件发送非应答信号并产生一个停止信号。选择读操作的字节位如图 12.12 所示。

图 12.12　选择读操作的字节位

2. 连续读

连续读操作可通过选择性读操作启动，在 CAT24WC01/02/04/08/16 发送完一个 8 位字节数据后，控制器产生一个应答信号来响应，告知 CAT24WC01/02/04/08/16 主器件要求更多的数据。对应每个控制器产生的应答信号，CAT24WC01/02/04/08/16 将发送一个 8 位字节数据，控制器发送非应答信号和发送停止位时结束此读操作。从 CAT24WC01/02/04/08/16

输出数据后，CAT24WC01/02/04/08/16 的数据地址自动加 1，当地址超过芯片的容量时，计数器将翻转到 0 并继续输出数据字节，这样整个寄存器区域的数据可在一个读操作内全部读出。连续读操作的字节位如图 12.13 所示。

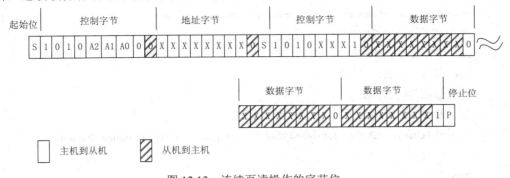

图 12.13 连续页读操作的字节位

12.4.6 应用实例

向 24C02 芯片内部的 0～15 字节地址分别写入数据 0～15，然后读取并进行对比，芯片地址 A0=A1=A2=0。本项目有 3 个文件，分别是 main.c、IIC.c 和 IIC.h 文件。

IIC.h 头文件、声明操作函数的内容如下：

```
#ifndef __IIC_H_
#define __IIC_H_


/* ================================================
/* 向芯片内部任意地址处写入一个字节的数据
dat:待写入的数据
addr:写入 E²PROM 内部的地址
返回 0 表示失败*/
unsigned char WriteByteIIC(unsigned char dat,unsigned char addr);


/* ================================================
/* 向芯片内部连续写入 len 个字节数据
pt:待写入的数据
len： 数据个数
addr： 芯片内的起始地址*/
unsigned char WritePageIIC(unsigned char *pt,unsigned char addr,unsigned char len);


/* ================================================
/* 从芯片读任意地址处的一个字节数据
addr:芯片内部字节数据地址
*dat： 读回的数据
```

失败返回 0*/

```c
unsigned char ReadByteIIC(unsigned char *dat,unsigned char addr);


/* ==========================================
/*  从芯片内连续读取数据
addr:芯片数据的起始地址
*pt：读取到的数据
len：读取数据的长度
失败返回 0*/
unsigned char ReadPageIIC(unsigned char *dat,unsigned char addr,unsigned char len);


#endif
```

IIC.c 操作函数的具体实现代码如下：

```c
#include <STC12C5A60S2.H>

sbit SDA_IO=P0^6;
sbit SCL_IO=P0^7;

#define SETSDA SDA_IO=1
#define CLRSDA SDA_IO=0
#define SETCLK SCL_IO=1
#define CLRCLK SCL_IO=0
#define RDSDA SDA_IO

#define W_ADDR 0xa0     //写操作时，芯片的地址
#define R_ADDR 0xa1     //读操作时，芯片的地址

//函数调用结束时，SCL=0
//操作完成 STOP 后，SDA 和 SCL 必须拉高
//字节操作后，CLK 拉低
void delayIIC() //适当延时
{
    unsigned char i;
    for(i=0;i<5;i++);
}
```

```
//开始条件
void START_IIC()
{
    CLRSDA;delayIIC();
    CLRCLK;delayIIC();
}

//重开始条件
void RESTART_IIC()
{
    SETSDA; delayIIC();
    SETCLK;delayIIC();
    CLRSDA;delayIIC();
    CLRCLK;delayIIC();
}

//停止条件
void STOP_IIC()
{
    CLRSDA;delayIIC();
    SETCLK;delayIIC();
    SETSDA;delayIIC();
}

//向芯片发送一个字节数据的时序  先发最高位
//dat：待发送的字节数据
void SndByteIIC(unsigned char dat)
{
    unsigned char i;
    for(i=0;i<8;i++)
    {
        CLRCLK;delayIIC();
        if(dat&0x80)
        {
            SETSDA;
        }
        else
        {
            CLRSDA;
```

```
                }
                dat=dat<<1;
                SETCLK; delayIIC();
            }
        CLRCLK;
        delayIIC();
}


//从芯片接收一个字节数据的时序先接收最高位
//返回接收到字节数据
unsigned char RcvByteIIC()
{
    unsigned char dat=0,i,tmp;
    SETSDA;
    for(i=0;i<8;i++)
    {
        SETCLK;delayIIC();
        dat=dat<<1;
        tmp=RDSDA;
        dat=dat+tmp;
        CLRCLK; delayIIC();
    }
    return dat;
}


//主机发送应答
void SndAck()
{
    CLRSDA;delayIIC();
    SETCLK;delayIIC();
    CLRCLK;delayIIC();
}


//主机发送非应答
void SndNack()
{
    SETSDA;delayIIC();
    SETCLK;delayIIC();
    CLRCLK;delayIIC();
```

```
}

//接收芯片的应答类型 0 为应答，1 为非应答。
unsigned char RcvAck()
{
    unsigned char tmp;
    SETSDA;delayIIC();
    SETCLK;delayIIC();
    tmp=RDSDA;
    CLRCLK;delayIIC();
    return tmp;
}

/*  向芯片内部任意地址处写入一个字节的数据
dat:待写入的数据
addr:写入 EEPROM 内部的地址
返回 0 表示失败*/
unsigned char WriteByteIIC(unsigned char dat,unsigned char addr)
{
    START_IIC();
    SndByteIIC(W_ADDR);
    if(RcvAck()!=0){ STOP_IIC(); return 0; } //时序错误，则返回
    SndByteIIC(addr);
    if(RcvAck()!=0){ STOP_IIC(); return 0; }
    SndByteIIC(dat);
    if(RcvAck()!=0){ STOP_IIC(); return 0; }
    STOP_IIC();
    return 1;
}

/*  向芯片内部连续写入 len 个字节数据
pt:待写入的数据
len：数据个数
addr：芯片内的起始地址*/
unsigned char WritePageIIC(unsigned char *pt,unsigned char addr,unsigned char len)
{
    unsigned char i;
    START_IIC();
    SndByteIIC(W_ADDR);
```

```
        if(RcvAck()!=0){ STOP_IIC(); return 0; }
        SndByteIIC(addr);
        if(RcvAck()!=0){ STOP_IIC(); return 0; }
        for(i=0;i<len;i++)
        {
            SndByteIIC(*pt);
            if(RcvAck()!=0){ STOP_IIC(); return 0; }
            pt++;
        }
        STOP_IIC();
        return 1;
    }


/*  从芯片读任意地址处的一个字节数据
addr:芯片内部字节数据地址
*dat：读回的数据
失败返回 0*/
unsigned char ReadByteIIC(unsigned char *dat,unsigned char addr)
{

    START_IIC();
    SndByteIIC(W_ADDR);
    if(RcvAck()!=0){ STOP_IIC(); return 0; }
    SndByteIIC(addr);
    if(RcvAck()!=0){ STOP_IIC(); return 0; }

    RESTART_IIC();
    SndByteIIC(R_ADDR);
    if(RcvAck()!=0){ STOP_IIC(); return 0; }
    *dat=RcvByteIIC();
    SndNack();
    STOP_IIC();
    return 1;
}

/*  从芯片内连续读取数据
addr：芯片数据的起始地址
*dat：读取到的数据
len：读取数据的长度
```

失败返回 0 */

```c
unsigned char ReadPageIIC(unsigned char *dat,unsigned char addr,unsigned char len)
{
    unsigned char i;
    START_IIC();
    SndByteIIC(W_ADDR);
    if(RcvAck()!=0){ STOP_IIC(); return 0; }
    SndByteIIC(addr);
    if(RcvAck()!=0){ STOP_IIC(); return 0; }

    RESTART_IIC();
    SndByteIIC(R_ADDR);
    if(RcvAck()!=0){ STOP_IIC(); return 0; }
    for(i=0;i<len;i++)
    {
        *dat=RcvByteIIC();
        dat++;
        if(i==len-1)
            SndNack();
        else
            SndAck();
    }
    STOP_IIC();
    return 1;
}
```

main.c 源代码如下：

```c
#include <STC12C5A60S2.H>

#include "IIC.h"

unsigned char rd[16],wr[16];      //读/写操作的数据

void delay1s(void)
{    略
}

void main()
{
    unsigned char t1,i;
```

```
WriteByteIIC(0xf0,0); //向 0 地址处写 0xf0
ReadByteIIC(&t1,0); //从 0 地址处读取数据至 t1
P0=~t1;
delay1s();

for(i=0;i<16;i++)
{
    wr[i]=i;
    rd[i]=i;
}
WritePageIIC(wr,0,16);      //从 0 地址处连续写入 16 个数据
                            //每页地址有固定起始地址的
ReadPageIIC(rd,0,16);       //从 0 地址处连续读取 16 个字节的数据
for(i=0;i<16;i++)
{
    P0=~(rd[i]);
    delay1s();
}
while(1);
}
```

12.5　单片机内部集成的 E²PROM

在 STC12C5A60S2 系列单片机内部集成了的数据 Flash(E²PROM)与程序 Flash 是分开的，利用 ISP(在系统编程 ISP, In-System Programming)和 IAP(在应用中编程 IAP, In-Application Programming)技术可将内部数据 Flash 当 E²PROM，擦写次数在 10 万次以上。EEPROM 分为若干个扇区，每个扇区包含 512 个字节。由于内置 E²PROM 写操作时只能将"1"修改为"0"，而不能将"0"修改为"1"，因此在写数据时必须先进行扇区擦除，将所有字节位修改为"1"。擦除是按扇区为单位进行操作的，使用时建议将同一次修改的数据放在同一个扇区，不是同一次修改的数据放在不同的扇区，每个扇区不一定要放满数据。表 12.2 给出了 STC12C5A60S2 系列单片机内部集成的数据 Flash(E²PROM)的扇区分布情况。

ISP 是指电路板上的空白器件可以编程写入最终用户代码，而不需要从电路板上取下器件，已经编程的器件也可以用 ISP 方式擦除或再编程，无需专门的编程器。IAP 是指 MCU 可以在系统中获取新代码并对自己重新编程，即可用程序来更新程序代码，常用于远程更新。对于 STC 单片机而言，仅 IAP 系列单片机可以使用 IAP 方法，ISP 和 IAP 技术是未来仪器仪表的发展方向。E²PROM 可用于保存一些需要在应用过程中修改并且掉电不丢失的参数数据。在用户程序中，可以对 E²PROM 进行字节读/字节编程/扇区擦除操作。

表 12.2 STC12C5A60S2/AD/PWM 系列单片机内部 E²PROM 的扇区分布情况

型　号	E²PROM 字节数	扇区数	起始扇区首地址	结束扇区尾地址
STC12C/LE5A08X	53 kB	106	0000H	D3FFH
STC12C/LE5A16X	45 kB	90	0000H	B3FFH
STC12C/LE5A32X	29 kB	58	0000H	73FFH
STC12C/LE5A40X	21 kB	42	0000H	53FFH
STC12C/LE5A48X	13 kB	26	0000H	33FFH
STC12C/LE5A52X	9 kB	18	0000H	23FFH
STC12C/LE5A56X	5 kB	10	0000H	13FFH
STC12C/LE5A60X	1 kB	2	0000H	03FFH
以下系列特殊，可在用户程序区直接修改程序，所有 Flash 空间均可作 E²PROM 修改				
IAP12C5A62X		124	0000H	F7FFH
每个扇区 512 个字节，即每个扇区的首地址相差 0200H				

在工作电压 U_{CC} 偏低时，建议不要进行 E²PROM/IAP 操作。需要注意的是：5 V 单片机在 3.7 V 以上对 E²PROM 进行操作才有效，3.7 V 以下对 E²PROM 进行操作，MCU 不执行此功能，但会继续往下执行程序；3.3 V 单片机在 2.4 V 以上对 E²PROM 进行操作才有效，2.4 V 以下对 E²PROM 进行操作，MCU 不执行此功能，但会继续往下执行程序。所以建议上电复位后在初始化程序时加 200 ms 延时。可通过判断 LVDF 标志位判断 U_{CC} 的电压是否正常(参考时钟、复位章节的相关内容)。

12.5.1 IAP 及 E²PROM 相关寄存器

表 12.3 列出了与 IAP 及 E²PROM 操作有关的寄存器名称和位名称。

表 12.3 IAP 及 E²PROM 相关寄存器

符　号	寄存器名称	地址	MSB						LSB		复位值
IAP_DATA	数据寄存器	C2H									11111111B
IAP_ADDH	地址高位	C3H									00000000B
IAP_ADDL	地址低位	C4H									00000000B
IAP_CMD	命令寄存器	C5H							**MS1**	**MS0**	xxxxxx00B
IAP_TRIG	命令触发	C6H									xxxxxxxxB
IAP_CONTR	控制寄存器	C7H	**IAPEN**	**SWBS**	**SWRST**	**CMD_FAIL**	—	**WT2**	**WT1**	**WT0**	0000x000B
PCON	功率控制	87H	SMOD	SMOD0	**LVDF**	POF	GF1	GF0	PD	IDL	00110000B

表 12.4 给出了 ISP/IAP 数据寄存器 IAP_DATA 的位名称及其作用。

表 12.4   ISP/IAP 数据寄存器 IAP_DATA

	地址	位	B7	B6	B5	B4	B3	B2	B1	B0
IAP_DATA	A8H	名称								
IAP_DATA		ISP/IAP 操作时的数据寄存器，ISP/IAP 对 Flash 读/写的数据								

表 12.5 给出了 ISP/IAP 地址寄存器 IAP_ADDH 和 IAP_ADDL 的位名称与作用。

表 12.5   ISAP/IAP 地址寄存器 IAP_ADDH 和 IAP_ADDL

	地址	位	B7	B6	B5	B4	B3	B2	B1	B0
IAP_ADDH	C3H	名称								
IAP_ADDL	C4H	名称								
	操作的数据地址寄存器 IAP_ADDRH：ISP/IAP 操作时的数据地址的高 8 位 IAP_ADDRL：ISP/IAP 操作时的地址数据的低 8 位									

表 12.6 给出了 ISP/IAP 命令寄存器 IAP_CMD 的位名称及作用。

表 12.6   ISP/IAP 命令寄存器 IAP_CMD

	地址	位	B7	B6	B5	B4	B3	B2	B1	B0
IAP_CMD	命令寄存器	C5H	—	—	—	—	—	—	**MS1**	**MS0**
MS1 MS0	命令模式选择 00：待机模式，无 ISP 操作 01：对"数据 Flash/E^{2}PROM 区"进行字节读 10：对"数据 Flash/ E^{2}PROM 区"进行字节写 11：对"数据 Flash/ E^{2}PROM 区"进行扇区擦除，没有字节擦除									

在用户应用程序区时，仅可以对数据 Flash 区(E^{2}PROM)进行字节读/字节编程/扇区擦除，IAP 系列除外，应用程序可以修改应用程序区。表 12.7 给出了 ISP/IAP 命令触发寄存器 IAP_TRIG 的位名称及作用。

表 12.7   ISP/IAP 命令触发寄存器 IAP_TRIG

	地址	位	B7	B6	B5	B4	B3	B2	B1	B0
IAP_TRIG	A8H	名称								
	ISP/IAP 操作时的命令触发寄存器 在 IAPEN(IAP_CONTR.7)=1 时，对 IAP_TRIG 先写入 5Ah，再写入 A5h，ISP/IAP 命令才会生效									

ISP/IAP 操作完成后，IAP 地址高 8 位寄存器 IAP_ADDRH、IAP 地址低 8 位寄存器 IAP_ADDRL 和 IAP 命令寄存器 IAP_CMD 的内容不变。如果要对下一个地址的数据进行 ISP/IAP 操作，则需手动将该地址的高 8 位和低 8 位分别写入 IAP_ADDRH 和 IAP_ADDRL

寄存器。

每次进行 IAP 操作时，都要对 IAP_TRIG 先写入 5AH，再写入 A5H，ISP/IAP 命令才会生效。表 12.8 给出了 ISP/IAP 控制寄存器 IAP_CONTR 的位名称与作用。

表 12.8 ISP/IAP 控制寄存器 IAP_CONTR

	地址	位	B7	B6	B5	B4	B3	B2	B1	B0
IAP_CONTR	C7H	名称	**IAPEN**	**SWBS**	**SWRST**	**CMD_FAIL**	—	**WT2**	**WT1**	**WT0**

IAPEN	ISP/IAP 功能允许位 0：禁止 IAP 读/写/擦除数据 Flash/E²PROM 1：允许 IAP 读/写/擦除数据 Flash/E²PROM
SWRST	软件系统复位重启 0：不操作； 1：产生软件系统复位
SWBS	单片机复位重启动区的选择，要与 SWRST 直接配合 0：从用户应用程序 AP 区启动； 1：从系统 ISP 监控程序区启动
CMD_FAIL	命令触发结果 0：成功； 1：如果发送 ISP/IAP 命令并对 IAP_TRIG 发送 5AH/A5H 触发失败，则为 1，需由软件清零

<table>
<tr><td rowspan="9">WT2 WT1 WT0</td><td colspan="5">设置 ISP/IAP 操作等待的 CPU 时钟数，字节写应保证>55 μs，扇区擦除>21 ms</td></tr>
<tr><td></td><td>读</td><td>写</td><td>扇区擦除</td><td>对应的系统时钟</td></tr>
<tr><td>111</td><td>2</td><td>55</td><td>21012</td><td><1 MHz</td></tr>
<tr><td>110</td><td>2</td><td>110</td><td>42024</td><td><2 MHz</td></tr>
<tr><td>101</td><td>2</td><td>165</td><td>63036</td><td><3 MHz</td></tr>
<tr><td>100</td><td>2</td><td>330</td><td>126072</td><td><6 MHz</td></tr>
<tr><td>011</td><td>2</td><td>660</td><td>252144</td><td><12 MHz</td></tr>
<tr><td>010</td><td>2</td><td>1100</td><td>420240</td><td><20 MHz</td></tr>
<tr><td>001</td><td>2</td><td>1320</td><td>504288</td><td><24 MHz</td></tr>
<tr><td>000</td><td>2</td><td>1760</td><td>672384</td><td><30 MHz</td></tr>
</table>

表 12.9 给出了 PCON 寄存器中与 E²PROM 有关的位名称及作用。工作电压过低时，此时不能进行 E²PROM/IAP 操作。

表 12.9 PCON 寄存器

	地址	位	B7	B6	B5	B4	B3	B2	B1	B0
PCON	C7H	名称	SMOD	SMOD0	**LVDF**	POF	GF1	GF0	PD	IDL

LVDF	低压检测标志位(电路连接参考时钟与复位章节) 当工作电压 U_{CC} 低于低压检测门槛电压时，该位置 1，需由软件清零 当低压检测电路发现工作电压 U_{CC} 偏低时，不能进行 E²PROM/IAP 操作

12.5.2　应用实例

将 STC125A60S2 单片机 Data Flash 扇区中的数据擦除，并重新写入数据。扇区的首地址为 0x0000，扇区长度 512 个字节。若 E²PROM 操作失败，则蜂鸣器发出报警声。本例程中有 2 个源文件和 1 个头文件，分别是 main.c、DataFlash.c 和 DataFlash.h 文件。

DataFlash.h 源文件，操作函数的声明如下：

```
#ifndef __DATAFLASH_H_
#define __DATAFLASH_H_

//定义 Data Flash 操作扇区的首地址
#define IAP_ADDRESS 0x0000

//从指定地址处读取一个字节数据
//addr: Data Flash 操作的字节地址
unsigned char IapReadByte(unsigned int addr);

//将一个字节数据写入指定的 Data Flash 地址处
//addr: Data Flash 操作的字节地址
//dat:待写入的数据
void IapProgramByte(unsigned int addr, unsigned char dat);

//擦除 Data Flash 的一个扇区
//addr: 扇区首地址
void IapEraseSector(unsigned int addr);

#endif
```

DataFlash.c 源文件，操作函数的定义如下：

```
#include <STC12C5A60S2.H>
#include <intrins.h>
#include "DataFlash.h"

/* ISP/IAP/EEPROM 命令*/
#define CMD_IDLE 0          //待机模式
#define CMD_READ 1          //字节读
#define CMD_PROGRAM 2       //字节写
#define CMD_ERASE 3         //扇区擦除
```

```
/*设置 ISP/IAP/EEPROM 不同系统时钟的操作等待时间，并使能*/
//#define ENABLE_IAP 0x80 //if SYSCLK<30MHz
//#define ENABLE_IAP 0x81 //if SYSCLK<24MHz
#define ENABLE_IAP 0x82 //if SYSCLK<20MHz
//#define ENABLE_IAP 0x83 //if SYSCLK<12MHz
//#define ENABLE_IAP 0x84 //if SYSCLK<6MHz
//#define ENABLE_IAP 0x85 //if SYSCLK<3MHz
//#define ENABLE_IAP 0x86 //if SYSCLK<2MHz
//#define ENABLE_IAP 0x87 //if SYSCLK<1MHz


//禁止 IAP 功能
void IapIdle()
{
    IAP_CONTR = 0;                      //关闭 ISP/IAP 操作功能
    IAP_CMD = 0;                        //待机模式命令
    IAP_TRIG = 0;                       //触发寄存器清零
    IAP_ADDRH = 0x80;                   //将操作地址设为空地址，防止误操作
    IAP_ADDRL = 0;

}


//从指定地址处读取一个字节数据
//addr：Data Flash 操作的字节地址
unsigned char IapReadByte(unsigned int addr)
{
    unsigned char dat;          //Data buffer
    IAP_CONTR = ENABLE_IAP;     //允许 IAP 操作，并设置等待时间
    IAP_CMD = CMD_READ;         //字节读命令
    IAP_ADDRL = addr;           //数据 Flash 地址低 8 位
    IAP_ADDRH = addr >> 8;      //数据 Flash 地址高 8 位
    IAP_TRIG = 0x5a;            //发送触发命令
    IAP_TRIG = 0xa5;
    _nop_();                    //等待操作完成
    dat = IAP_DATA;             //得到字节数据
    IapIdle();                  //设置为待机模式
    return dat;

}


//将一个字节数据写入指定的数据 Flash 地址处
//addr：Data Flash 操作的字节地址
```

```
//dat:待写入的数据
void IapProgramByte(unsigned int addr, unsigned char dat)
{
    IAP_CONTR = ENABLE_IAP;      //允许 IAP 操作，并设置等待时间
    IAP_CMD = CMD_PROGRAM;       //字节写命令
    IAP_ADDRL = addr;            //数据 Flash 地址低 8 位
    IAP_ADDRH = addr >> 8;       //数据 Flash 地址高 8 位
    IAP_DATA = dat;              //Write ISP/IAP/E²PROM data
    IAP_TRIG = 0x5a;             //发送触发命令
    IAP_TRIG = 0xa5;
    _nop_();                     //等待操作完成
    IapIdle();                   //设置为待机模式
}


//擦除 Data Flash 的一个扇区
//addr：扇区首地址
void IapEraseSector(unsigned int addr)
{
    IAP_CONTR = ENABLE_IAP;      //允许 IAP 操作，并设置等待时间
    IAP_CMD = CMD_ERASE;         //扇区擦除命令
    IAP_ADDRL = addr;            //Data Flash 地址低 8 位
    IAP_ADDRH = addr >> 8;       //Data Flash 地址高 8 位
    IAP_TRIG = 0x5a;             //发送触发命令
    IAP_TRIG = 0xa5;
    _nop_();                     //等待操作完成
    IapIdle();                   //设置为待机模式
}
```

main.c 源文件主函数、使用 E²PROM 的方式与流程如下：

```
#include <STC12C5A60S2.H>
#include "DataFlash.h"
sbit beep=P3^6;

//软件延时
void Delay_EE(unsigned char n)
{
    unsigned int x;
    while (n--)
    {
        x = 0;
```

```
            while (++x);      //加至溢出，x=0
    }
}


void main()
{
    unsigned int i;
    P0=0x55;
    Delay_EE(50);        //延时便于观察
    IapEraseSector(IAP_ADDRESS);              //擦除扇区
    for(i=0;i<512;i++)    //检查整个扇区数据是否为 0xFF
    {
        if(IapReadByte(IAP_ADDRESS+i)!=0xFF)   //有错误
            goto Error;
    }
    P0=0xaa;
    Delay_EE(50);        //延时便于观察
    for(i=0;i<512;i++)    //向扇区里写 512 个字节数据
    {
        IapProgramByte(IAP_ADDRESS+i, (unsigned char)i);
    }
    P0=0xf0;
    Delay_EE(50);        //延时便于观察
    for(i=0;i<512;i++)    //验证刚才所写的数据
    {
        if(IapReadByte(IAP_ADDRESS+i)!=(unsigned char)i) //有错误
            goto Error;
    }
    P0=0x0f;
    while(1);
    Error:
    P1=0xaf;
    beep=0;
    while(1);
}
```

第 13 章　Altium Designer 软件的使用

13.1　引　　言

Altium Designer 是原 Protel 软件开发商 Altium 公司推出的一体化的电子产品开发系统，主要运行在 Windows 操作系统。这套软件通过把原理图设计、电路仿真、PCB 绘制编辑、拓扑逻辑自动布线、信号完整性分析和设计输出等技术的完美融合，为设计者提供了全新的设计解决方案，使设计者可以轻松进行设计，熟练使用这一软件必将使电路设计的质量和效率大大提高。随着电子科技的蓬勃发展，新型元器件层出不穷，电子线路变得越来越复杂，电路的设计工作已经无法单纯依靠手工来完成，电子线路计算机辅助设计已经成为必然趋势，越来越多的设计人员使用快捷、高效的 CAD 设计软件来进行辅助电路原理图、印制电路板图的设计，以及打印各种报表。

Altium Designer 除了全面继承了包括 Protel 99SE、Protel DXP 在内的先前一系列版本的功能和优点外，还增加了许多改进和很多高端功能。该平台拓宽了板级设计的传统界面，全面集成了 FPGA 设计功能和 SOPC 设计实现功能，从而允许工程设计人员能将系统设计中的 FPGA 与 PCB 设计及嵌入式设计集成在一起。Altium Designer 在继承先前 Protel 软件功能的基础上，综合了 FPGA 设计和嵌入式系统软件设计功能，Altium Designer 对计算机的系统需求比先前的版本要高一些。

Altium Designer 的主要功能包括：原理图设计、PCB 设计、FPGA 的开发、嵌入式开发、3D PCB 设计等。首先介绍：原理图、封装图、PCB 图、原理图库和封装图库等知识。

1. 原理图

原理图用于显示元器件管脚的名称和位置编号，以及各个元器件之间的连线方式，如图 13.1 所示。

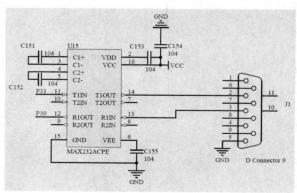

图 13.1　原理图与接线

2. 封装图

封装图用于反映某一个元件的尺寸大小以及管脚间距等，如图 13.2 所示。尺寸、管脚编号顺序都是统一的。有些元件模块厂家采用了一些自定义的封装尺寸和形式，这样的封装必须自己绘制。

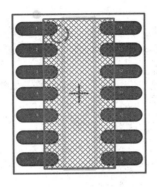

图 13.2　SO14 封装尺寸

3. PCB 图

PCB 图给出了所有器件的封装、布局以及连线，如图 13.3 所示，是一个最终的产品，将 PCB 文件发给 PCB 制板厂家即可加工出电路板。

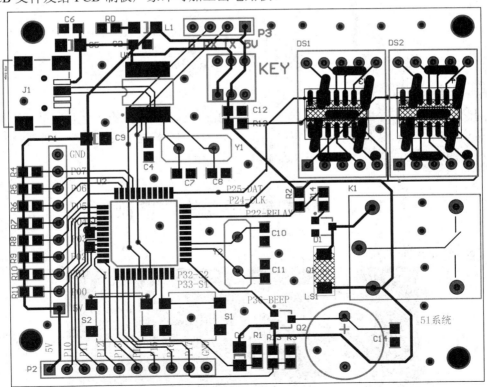

图 13.3　PCB 图

4. 原理图库

原理图库是若干个器件原理图的集合。虽然 Altium Designer 中包含了很多厂家的原理图库文件，如图 13.4 所示。每个库文件中都含有若干个器件，但仍不能包括所有的器件，部分器件需要手工画出其原理图样式。首先应新建一个原理图库文件，然后在库文件里面添加不常见的器件，具体方法在后面讲解。

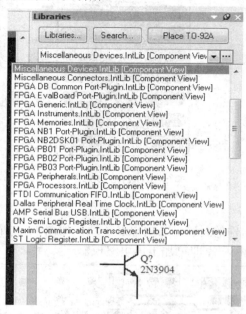

图 13.4　各厂家的库文件

5. 封装图库

封装图库是若干个封装形式的集合。虽然 Altium Designer 中有很多封装形式，但有些自定义模块的封装形式仍然需手工布局。首先要新建一个封装库文件，然后在库文件里面添加所需的封装形式，具体方法在后面讲解。

13.2　单片机最小系统的 PCB 制作

启动 Altium Designer15，界面如图 13.5 所示。

图 13.5　Altium Designer15 启动界面

Altium Designer 是以工程项目进行管理的，每个工程中可以添加若干个原理图文件和 PCB 文件，PCB 文件根据工程内所有的原理图文件生成。当原理图器件比较多、比较大时，可以拆分为多个原理图文件进行保存，便于阅读。一个工程里面的网络名称是全局的，即在其他文件中是指同一个。

1. 新建 PCB 工程

依次单击"File"—"New"—"Project"，如图 13.6 所示。选择工程文件保存名称和位置，如图 13.7 所示。

图 13.6　新建工程

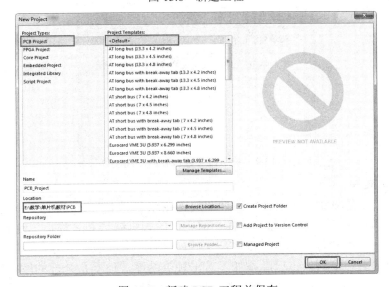

图 13.7　新建 PCB 工程并保存

2．添加原理图文件

工程新建完毕，但此时是空的，接下来应该把原理图添加进去，右击"PCB_Project"—"Add New to Project"—"Schematic"，如图 13.8 所示，然后重新命名并保存原理图文件，如图 13.9 所示。在这里也可以添加已有的文件至工程，选择"Add Existing to Project"。

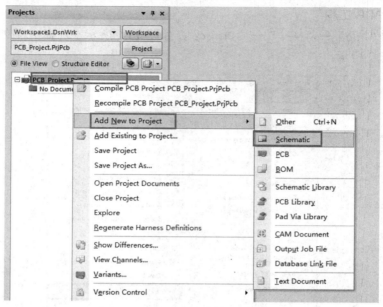

图 13.8　添加 sch 原理图

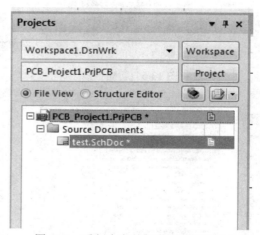

图 13.9　重新命名并保存原理图文件

3．添加库文件

接下来的工作是将相关元器件的原理图放置在原理图文件中。首先要放置的是 51 单片机，虽然各厂家的 51 单片机名称不一样，但它们的管脚编号和名称是一致的。

Altium Designer 软件中包含了很多厂家的库文件，首先要把厂家的库文件添加到该工程中。每个新建工程中默认也已经添加了若干种类的库，但不是全部的库。当库文件包含在工程内时，就可以使用库文件中的资源，库文件的排序决定了优先使用哪个库里的资源。

Altium Designer15 安装完成后，Library 文件夹里的库文件不是很多，Altium Designer08 早期版本里的库文件有很多，读者可以在网上进行搜索下载。

点击"Libraries"—"Install"—"Install from file…"进行库文件的添加，如图 13.10 所示。这里添加"Philips Microcontroller 8-Bit.IntLib"库文件，如图 13.11 所示。

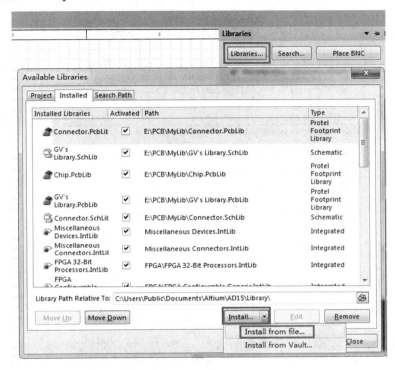

图 13.10　添加库文件

图 13.11　添加 8 位控制器原理图库

返回至原理图设计界面，点击箭头，找到刚才的库文件，就可以浏览文件里对应的元器件了，如图 13.12 所示。

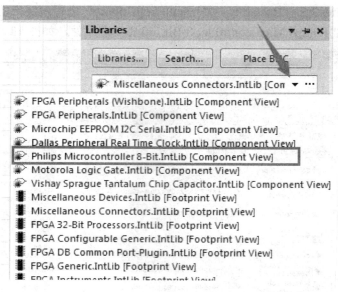

图 13.12　选择相应的库文件

实际中，我们一般并不知道所需芯片原理图对应的库名称，因此常用搜索关键词进行查找。单击"Search…"，设置"contains c51"关键词，指定要搜索的 AD Library 目录，如图 13.13 所示。

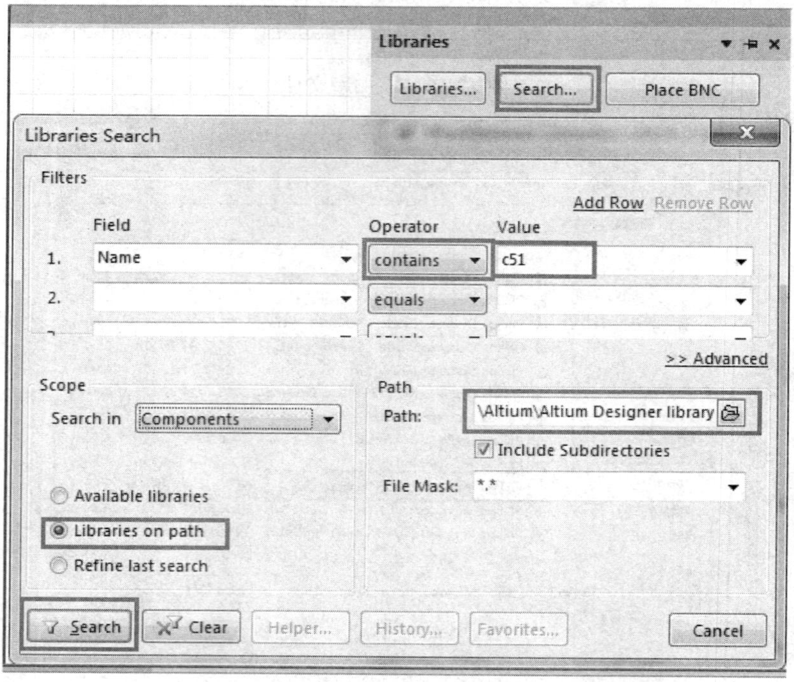

图 13.13　搜索库文件

搜索结束后，浏览搜索结果，图 13.14 所示为以"p"为首的器件列表中，P80C51RA+5N 器件的管脚名称和封装形式和我们所需的 STC 单片机一致，因此可以使用。有时原理图库文件中的单片机封装形式与实际的 STC 单片机不一样，只需重新指定其封装形式即可。

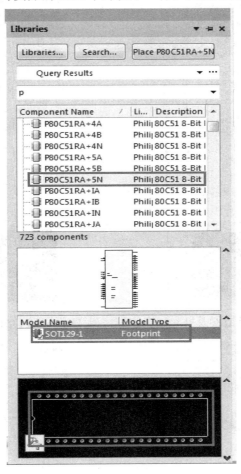

图 13.14　搜索结果

4．放置元器件

Altium Designer 软件中，鼠标左键用于选择，右键用于取消。鼠标滚轮为页面视图的上下移动，Shift+鼠标滚轮为视图左右移动，Ctrl+鼠标滚轮为视图的缩放。鼠标左键按住器件+Space，可实现器件或封装的旋转。Ctrl+方向键用于对选中的器件或封装进行移动。选择工程里面已添加的不同的库文件，找到所需的元器件并选中，按住鼠标左键将元器件直接拖入 sch 原理图文件视图中。Altium Designer 里面有一个通用库和一个连接器库，里面是常用的经典元器件，如图 13.15～图 13.18 所示。在相应的库文件找到相应的元器件，即可完成如图 13.19 所示的原理图。

在"Philips Microcontroller"库中选择 51 单片机，如图 13.15 所示。在"Miscellaneous Connectors"库中选择 4 针排针，如图 13.16 所示。在"Miscellaneous Devices"库中选择晶振和极性电容，如图 13.17 和图 13.18 所示。

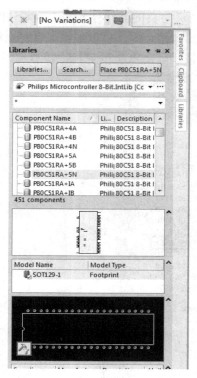

图 13.15　选择 51 单片机

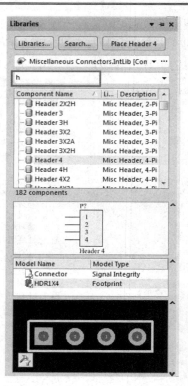

图 13.16　选择 4 针排针

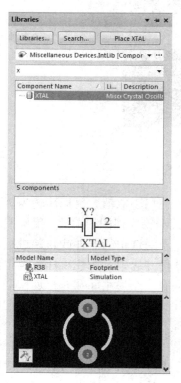

图 13.17　选择晶振

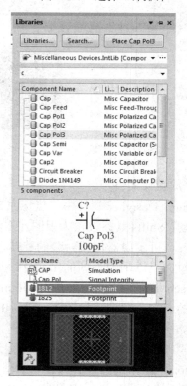

图 13.18　选择极性电容

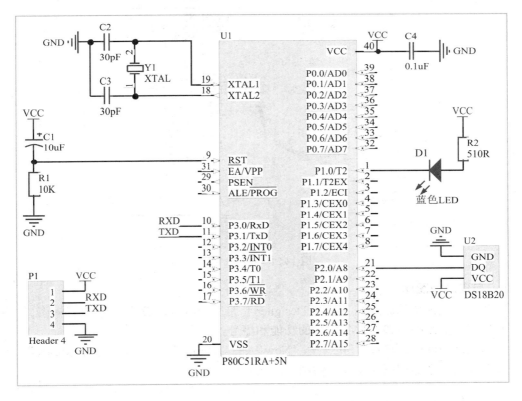

图 13.19　最终原理图

元件放置完毕后就可以连线了。连线主要用到如图 13.20 所示的工具，**VCC** 和 **GND** 都是网络名，也可以自定义网络名，如 **RXD**、**TXD**。网络名相同，在物理上表示是相连的，如图 13.21 所示。网络名必须至少有两个，否则就没有必要了。

绘制图 13.19 时，有两个地方需要注意：自带元件库中没有 **DS18B20** 的原理图；封装库中也没有 **XTAL** 晶振的封装 **HC-49S**。因此接下来介绍自定义元件的原理图库和封装库的建立。

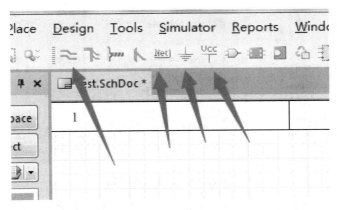

图 13.20　连线、网络、GND 和 VCC

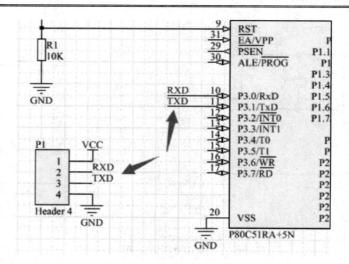

图 13.21　网络命名

5. 自建原理图库

有些器件或模块的原理图 Altium Designer 自带库中没有，必须自建相应的元件原理图库。原理图主要是指示该器件各引脚的功能和序号。

新建原理图库时，选择 "File" — "New" — "Library" — "Schematic Library"，重新命名并保存为一个原理图库文件，如图 13.22 所示。

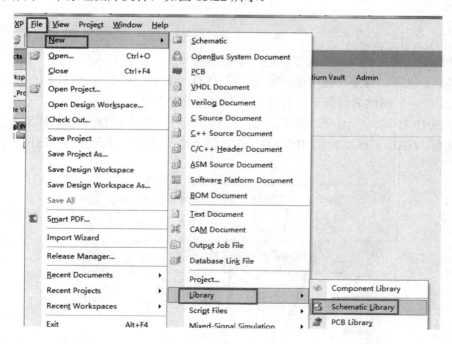

图 13.22　新建原理图库

选择 "Place" — "Rectangle" 和 "Pin"，可依次放置边框和管脚，如图 13.23 所示。连续放入 3 个管脚后，双击管脚，修改管脚属性，如图 13.24 所示。

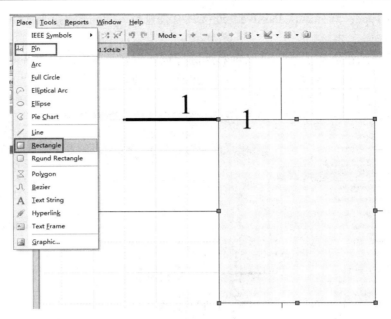

图 13.23　放置边框和管脚

图 13.24　管脚属性

Display Name：属于提示内容，告诉用户该管脚的名称。

Designator：管脚号，指明在 PCB 中的位置。由于 PCB 中管脚编号都是固定的，符合一定的规则顺序，因此这里的管脚号必须正确，和封装图中的实际位置要一致。

Electrical Type：选择默认 Passive，连接具有任意性。包含了输入、输出等选项，读者根据需要选择。

器件的原理图绘制完毕后，可以对器件进行重新命名及保存，此时 Schlib1.schlib 库文件内就包含了一个 DS18B20 器件，如图 13.25 所示。我们可以继续点击"Tools"—"New Component"来添加新器件的原理图。

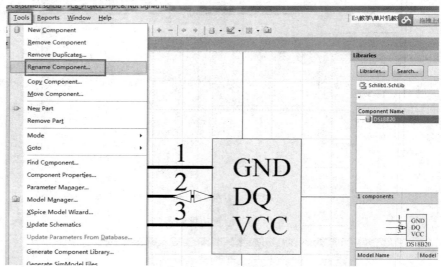

图 13.25　重命名器件

有些简单的元器件原理图可以在已有原理图的基础上进行再编辑。例如首先在原理图中放置一个 3 针的排针，然后双击它进入属性设置页面，单击"Edit Pins…"，如图 13.26 所示。

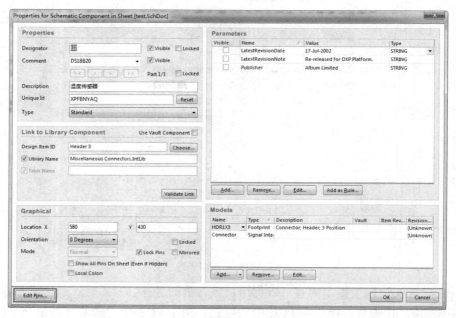

图 13.26　原理图器件属性

如图 13.27 所示，修改器件的管脚名"Name"，可以得到相同的自定义器件。

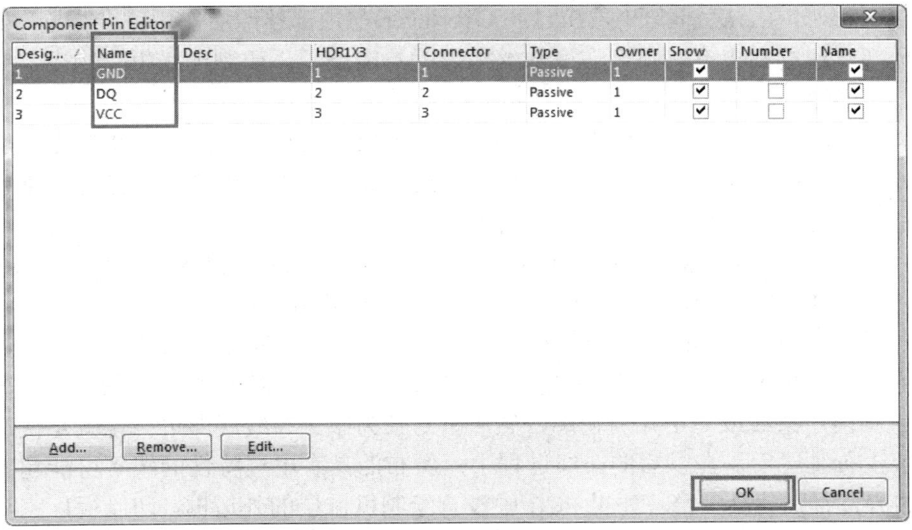

Desig... /	Name	Desc	HDR1X3	Connector	Type	Owner	Show	Number	Name
1	GND		1	1	Passive	1	☑	☐	☑
2	DQ		2	2	Passive	1	☑	☐	☑
3	VCC		3	3	Passive	1	☑	☐	☑

Component Pin Editor

Add...　Remove...　Edit...　　　　　　OK　Cancel

图 13.27　修改器件的管脚名

原理图中芯片的管脚功能和编号是固定的，为了连线直观，芯片管脚的位置可以改变。

6. 自建封装库

1) PCB 中的层概念

在建立封装库之前，首先介绍一下 PCB 中几个重要的层。将一个电路图形设置在不同的层，它将以不同的形式在 PCB 实物中呈现出来。图 13.28 给出了 4 层板的结构，这样就可以在 4 层中走线，元器件肯定只能放在顶层和底层了。

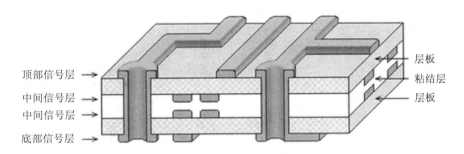

顶部信号层 →
中间信号层 →
中间信号层 →
底部信号层 →

层板
粘结层
层板

图 13.28　4 层板的结构

(1) 顶部信号层。顶部信号层(Top Layer)也称元件层，主要用来放置元器件，对于双层板和多层板可以用来布线。

(2) 中间信号层。在印制电路板中间的布线层称为中间信号层(Mid Layer)，Altium Designer 最多可支持 30 层，但实际层数受到加工技术的限制。

(3) 底部信号层。底部信号层(Bottom Layer)和顶部信号层类似，主要用于布线及放置元器件。从焊接方便和焊接成本角度来考虑，一般底层仅用来布线，不放置元器件。

(4) 顶部丝印层。顶部丝印层(Top Overlayer)用于标注元器件的投影轮廓、元器件的标号、标称值或型号及各种注释字符。印制电路板实物中，此层一般是喷涂白色油漆。

(5) 底部丝印层。底部丝印层(Bottom Overlayer)与顶部丝印层作用完全相同，如果各种标注在顶部丝印层都含有，那么在底部丝印层就不需要了。印制电路板实物中，此层一般是喷涂白色油漆。

(6) 内部电源层。内部电源层(Internal Plane)通常称为内电层，包括供电电源层、参考电源层和地平面信号层。内部电源层为整片铜皮形式，上下层的布线若连接，则要穿过该层及所有中间层，因此会有小孔。

(7) 机械层。机械层(Mechanical Layer)用于定义整个 PCB 板的外观，即设置 PCB 的外形尺寸。在 PCB 中先画出一条线或一个几何轮廓，然后指定其为机械层即可。

(8) 禁止布线层。禁止布线层(Keep Out Layer)用于绘制 PCB 外边界及定位孔等镂空部分，以及定义在 PCB 上能够有效放置元件和布线的区域。其作用是绘制禁止布线区域，在 PCB 中先画出一条线或一个几何轮廓，然后指定其为禁止布线层即可。也就是说，我们先定义了禁止布线层后，在以后的布线过程中，所布的具有电气特性的线不可能超出禁止布线层的边界，否则就会告警。如果 PCB 中没有绘制机械层的外边框，印制板厂家会将此层作为 PCB 外形来处理。在禁止布线层和机械层都有的情况下，默认机械层为 PCB 外形。

(9) 多层。多层(Multi Layer)通常是过孔或通孔焊盘的属性，用于描述空洞的层特性。电路板上焊盘和穿透式过孔要穿透整个电路板，与不同的导电图形层建立电气连接关系，因此系统专门设置了一个抽象的层即多层。如果焊盘设置为多层属性，那在焊盘在每个板层面上都有圆形外轮廓。

2) 自建封装形状

有些封装形式在 Altium Designer 自带库中没有给出或没有找到，这时需自己绘制。下面以晶振 HC-49S 的封装为例来介绍绘制步骤，其几何尺寸如图 13.29 所示，单位为 mm。

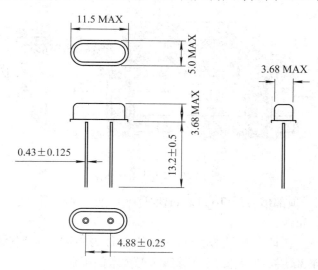

图 13.29　晶振的几何尺寸

点击"File"—"New"—"Library"—"PCB Library"，新建 PCB 封装库文件并保存，如图 13.30 所示。

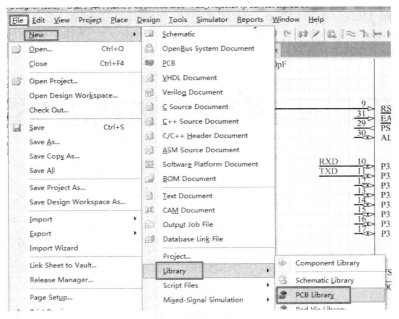

图 13.30 新建封装库文件

点击"Tools"—"New Blank Component",新建一个空白的封装类型至库文件,如图 13.31 所示。通过"Component Properties…"修改封装名称,如图 13.32 所示。

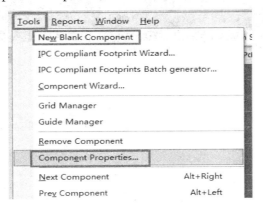

图 13.31 添加封装并命名

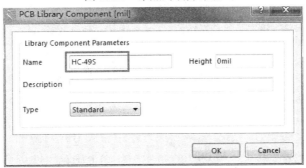

图 13.32 修改封装名称

在 Altium Designer 中 PCB 的尺寸单位有英制和公制两种，分别为 mil 和 mm，2.54 mm=100 mil，可以使用快捷键"Q"进行切换。在 PCB 视图中，左上角会显示鼠标的坐标及单位，如图 13.33 所示。

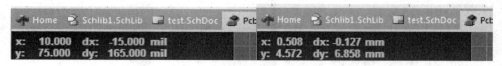

图 13.33 鼠标坐标及单位

点击图 13.34 中的焊盘，放置在编辑区，双击焊盘进行属性设置，如图 13.35 所示。

图 13.34 PCB 中的画线、焊盘、过孔和文本

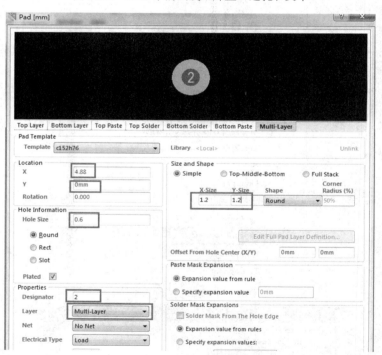

图 13.35 焊盘属性的设置

Location：焊盘中心位置。

Hole Size：焊盘孔的直径。

Designator：焊盘的编号，这个编号和原理图中管脚号是对应的、一致的。

Layer：焊盘所在层。其中，Multi-Layer 表示在上下层及中间层都有此焊盘；TopLayer 表示仅在上层有此焊盘，贴片元件选择此项。

Size and Shape：焊盘的外尺寸和形状等。

其他选项读者可以做进一步的研究。

在绘制封装的视图下，使用 Ctrl+G 组合键设置网格的步进值，如图 13.36 所示。

图 13.36　网格步进设置

3) 修改原理图中的器件封装

将自建的封装库 PcbLib1.PcbLib 添加到工程中，步骤如图 13.10 所示。双击原理图中的晶振元件，弹出属性对话框，双击"Footprint"，弹出"PCB Model"对话框，其中"PCB Library"选择"Any"，选择 PCB 封装库文件"PcbLib1.PcbLib"或在"Name"中输入"HC-49S"，如图 13.37 所示，点击"OK"，返回至原理图。

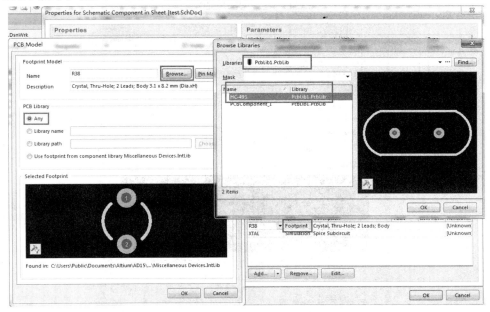

图 13.37　设置晶振的封装

原理图中的 DS18B20 元件也是自建原理图，还没有设置封装。双击元件，弹出属性对话框，如图 13.38 所示。点击"Add"—"Footprint"进行添加。弹出"PCB Model"对话框，在"Name"中直接输入"TO-92A"，如图 13.39 所示，再点击"OK"返回。若记不清封装名，则可以通过"Brows…"进行浏览和关键词筛选。在 Altium Designer 封装库中，TO-92 和 TO-92A 是两种不同的封装，虽然它们的外观形式一样，但管脚顺序不一样，读者在使用时注意选择。

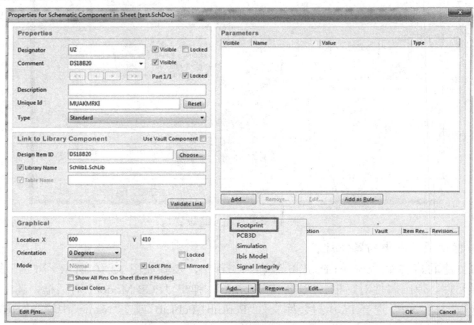

图 13.38　设置 DS18B20 的封装

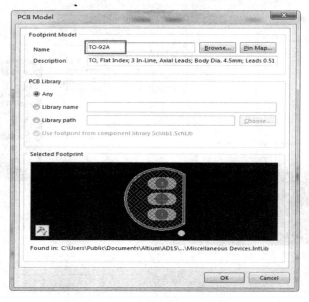

图 13.39　选择 TO-92A 封装

7. PCB 文件的生成

原理图中的器件连线完成且每个器件都设置了正确的封装后，就可以根据原理图生成对应的 PCB 文件了。PCB 是根据工程中所有原理图文件生成的，因此可以将不同的模块放置在不同的原理图文件中，便于阅读，但要注意元件编号和网络名的作用区域是整个工程。

右键点击工程"PCB_Project"，再选择"Add New to Project"—"PCB"，如图 13.40 所示。即可在工程中新建一个 PCB 文件"test.PcbDoc"如图 13.41 所示。

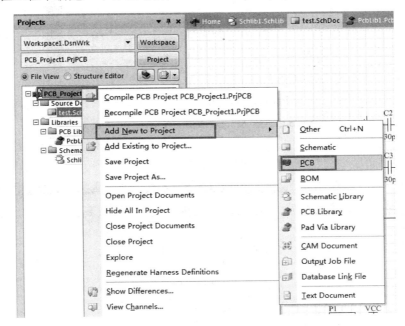

图 13.40　新建 PCB 文件

图 13.41　工程文件

如图 13.42 所示，在 PCB 文件视图中，依次点击"Design"—"Import Changes From PCB_Project1.PrjPCB"，弹出如图 13.43 所示的对话框，点击"Execute Changes"导入器件封装。若原理图中的连线方式或封装有改变，则同样按以上步骤进行更新。

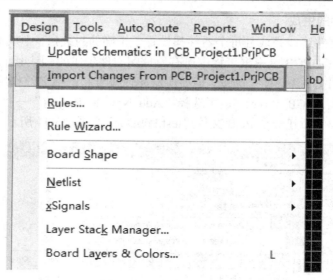

图 13.42　载入元件封装

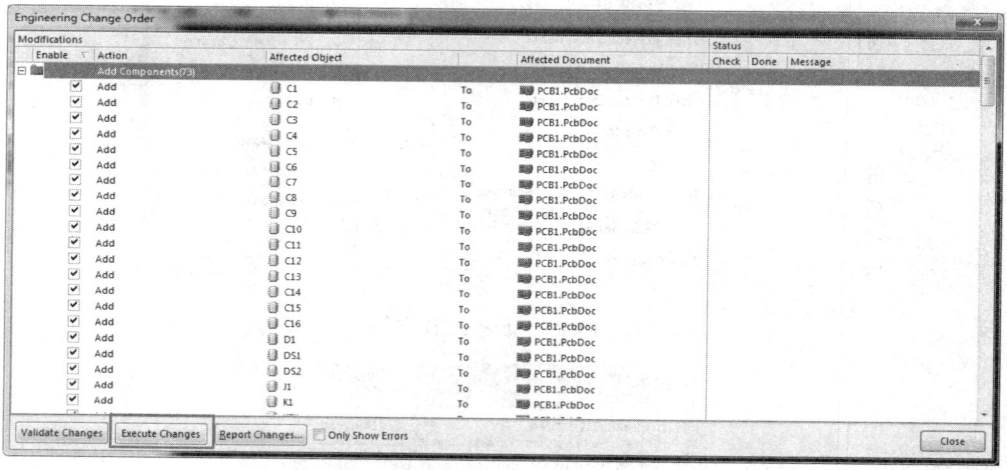

图 13.43　向 PCB 文件中导入器件的封装

　　载入元件封装后，即可对它们的位置进行布局，如图 13.51 所示。布线是将各个管脚进行物理连接，常用的就是连线，实物中就是一条铜皮线，宽度由自己设定，铜皮厚度可与生产厂家约定。过孔是将连线在 PCB 各层进行切换连接，如图 13.44 所示。

图 13.44　连线、过孔、敷铜和文本

　　布线之前需要设置设计规则，依次点击"Design"-"Rules..."，如图 13.45 所示，一般设置布线间隙"Clearance"、布线宽度"Width"和过孔"RoutingVias"这 3 项即可。

　　Clearance：用于设置不同的布线之间的间距，如 10 mil。鉴于一般的加工工艺的限制，这个值最小为 6 mil 左右，如图 13.45 所示。

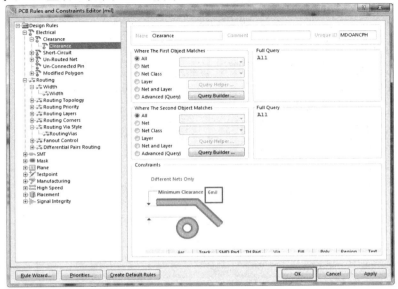

图 13.45　布线间隙 Clearance 的设置

　　Width：用于设置布线的宽度，有最大宽度"Max Width"、最小宽度"Min Width"和优先宽度"Preferred Width"。同样由于加工工艺和价格的因素，最小值为 6 mil 左右，如图 13.46 所示。

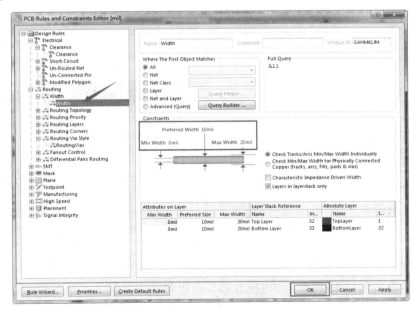

图 13.46　Width 的设置

RoutingVias：用于设置过孔内外孔和焊盘的最大值和最小值，最小值同样也受加工工艺的限制，如图 13.47 所示。

图 13.47　RoutingVias 的设置

布线时，将相同网络的管脚连接在一起即可，网络名相同的焊盘在视图上会有一条白色提示线。在布线时要指定 PCB 板的尺寸和允许布线的区域，选择图 13.44 快捷栏中的"连线"或选择菜单 "Place" —— "Line"，如图 13.48。按 Tab 键弹出属性对话框，将线的层设置为 "Keep-Out Layer"，如图 13.49，画出允许布线区域。在没有给出机械层的情况下，加工厂家会将 Keep-Out 层也按机械层处理。

图 13.48　放置 Line

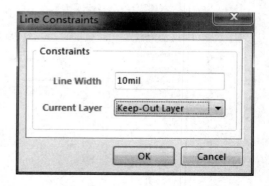

图 13.49　Line 的设置

为了提高设备的抗干扰能力和电磁兼容，可以将空白处铺上 "地"(GND)，在图 13.44 中点击 "敷铜"，弹出图 13.50 所示的对话框。勾选去除死铜 "Remove Dead Copper"，可以将没有连接的孤立的 "地"(GND)铜移出。这样设置的好处是在图 13.51 中设置敷铜区域形状时可以很随意，只要包括整个 Keep-Out-Layer 即可，最后的效果如图 13.52 所示。只要将对应 PcbDoc 文件发送给加工厂家即可。

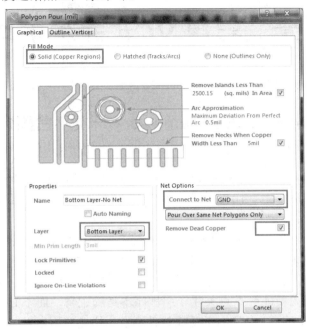

图 13.50　敷铜的设置

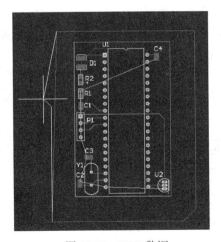

图 13.51　PCB 敷铜

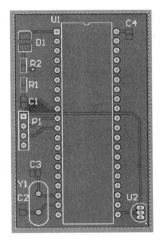

图 13.52　PCB 制作完成

在布线时有时需要在各个层之间进行切换操作，在 PCB 视图下，可以点击最下方的按钮进行层切换，如图 13.53 所示，以使相应的层处于激活状态。

图 13.53　PCB 层切换

第 14 章　利用 VC# 开发串口助手

14.1　.NET Framework 开发平台简介

.NET Framework 是用于构建 Windows 的新托管代码编码模型的一种全新的开发平台，旨在提供一种创建和运行下一代应用程序和 Web 服务的全新方式，用于构建具有视觉上引人注目的用户体验的应用程序，实现跨技术边界的无缝通信，并且能支持各种业务流程。.NET Framework 将原来的 Windows 接口和服务融合到单个应用程序编程接口之下，并将众多新的行业标准和众多原有的 Microsoft 技术(如 Microsoft 组件对象模型和 Active Server Pages(ASP))加入其中。除了提供一致的开发体验外，.NET Framework 还提供了最大的类库之一，让开发人员能够重点关注应用程序本身的逻辑，而不必纠缠于一些基础性的操作。.NET Framework 是一个致力于敏捷软件开发、快速应用开发、平台无关性和网络透明化的软件开发平台。

.NET Framework 是微软近年来主推的应用程序开发框架，是一套语言独立的应用程序开发框架。使用.NET Framework 框架，配合微软公司的 Visual Studio 集成开发环境，可极大地提高程序员的开发效率。它提供的控件工具和技术，让开发人员能够以独立于语言和平台的方式创建并运行下一代应用程序和 Web 服务；它提供的类库支持众多的常见任务，简化了开发任务，能高效地满足业务需求。.NET Framework 的架构如图 14.1 所示。

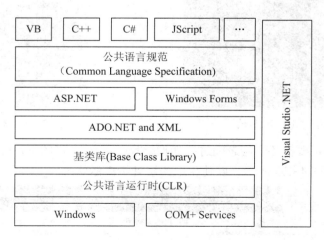

图 14.1　NET Framework 架构

.NET Framework 在 C#项目运行过程中的地位与作用如图 14.2 所示。

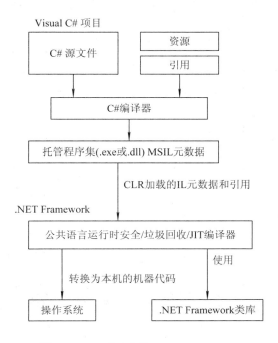

图 14.2   C#项目中的.NET Framework

14.2   Visual Studio 开发环境

Microsoft Visual Studio(简称 VS)是美国微软公司的开发工具包系列产品，VS 是一个基本完整的开发工具集，它包括了整个软件生命周期中所需要的大部分工具，如 UML 工具、代码管控工具、集成开发环境(IDE)等，所写的目标代码适用于微软支持的所有平台，包括 Microsoft Windows、Windows Mobile、Windows CE、.NET Framework、.NET Compact Framework、Microsoft Silverlight 及 Windows Phone。Visual Studio 是目前最流行的 Windows 平台应用程序的集成开发环境。最新版本为 Visual Studio 2015 版本，基于.NET Framework 4.5.2。

14.3   串口调试助手的开发

C#创建的程序都是以项目的形式被 VS 环境管理，在 VS 创建程序的步骤如下：首先在 VS 环境 C#模板中选择"文件"—"新建"—"项目"，在弹出的对话框中选择"Windows 窗体应用程序"并保存为 serial 名称，如图 14.3 所示。

图 14.3　新建 Windows 窗体应用

图 14.4 展示了 VS2010 C#集成开发环境 IDE 默认界面布局，1 号区域为自带的控件，将里面的控件直接拖拽出来就可以使用；2 号区域为 Windows Form 窗体，即程序的界面，控件可以拖拽到窗体里面并可以用鼠标调整位置、大小等；3 号区域为对应编译和运行时的信息输出；4 号区域为相应的控件的属性显示列表，5 号区域为相应的控件的事件列表。VS2010 采用解决方案管理，解决方案里面又分为若干个项目工程。图 14.5 给出了 serial 项目中各文件信息，入口函数在 Program.cs 源代码文件里面。

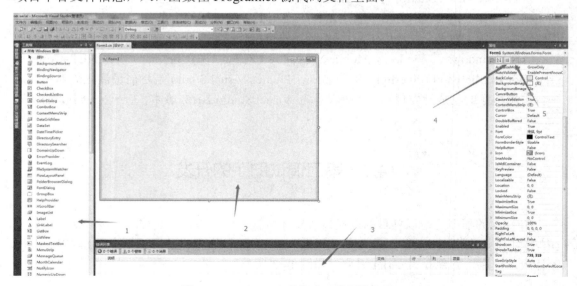

图 14.4　VS2010 C#的集成开发环境布局

图 14.5　资源管理器

为了说明串口通信的 Windows 应用程序开发过程，本章利用 VS2010 C#开发一个简单的串口助手，以实现数据收发双向通信。从工具箱分别拖拽出控件并进行如图 14.6 所示的布局。程序中仅限字符型数据的收发与显示，十六进制数的发送与接收功能读者可以自己再进一步完善。

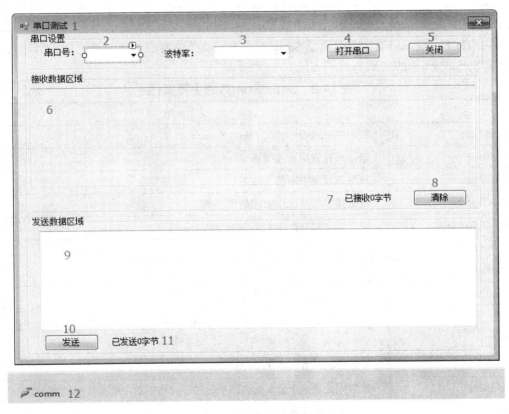

图 14.6　程序界面与空间布局

表 14.1 给出了各控件的名称和实例化变量名以及该控件在程序中的用途。

表 14.1 控件名称与用途

序号	控件	控件名称	实例名称	作 用	备 注
1	Form	窗体	Form1	显示窗体	标题为"串口测试"
2	ComboBox	下拉列表	cmbCom	选择串口号	
3	ComboBox	下拉列表	cmbBaud	选择波特率	
4	Button	按钮	btnOpen	打开串口	
5	Button	按钮	btnClose	关闭串口	
6	TextBox	文本框	txtRcv	接收数据显示	MultiLIne=True; ReadOnly=True
7	Label	标签	lbRcvNum	显示接收的字节数	
8	Button	按钮	btnClr	清除接收区域数据	
9	TextBox	文本框	txtSnd	发送的数据	MultiLIne=True; ReadOnly=False
10	Button	按钮	btnSnd	发送数据	
11	Label	标签	lbSndNum	已发送的字节数	
12	SerialPort	串口	comm	串口对象实例	

在.NET Framework 2.0 中提供了 SerialPort 类，该类主要实现串口数据通信等。表 14.2 列出了 SerialPort 类的主要属性和方法。

表 14.2 SerialPort 类的主要属性

名 称	说 明
BaseStream	获取 SerialPort 对象的基础 Stream 对象
BaudRate	获取或设置串行波特率
BreakState	获取或设置中断信号状态
BytesToRead	获取接收缓冲区中数据的字节数
BytesToWrite	获取发送缓冲区中数据的字节数
CDHolding	获取端口的载波检测行的状态
CtsHolding	获取"可以发送"行的状态
DataBits	获取或设置每个字节的标准数据位长度
DiscardNull	获取或设置一个值，该值指示 Null 字节在端口和接收缓冲区之间传输时是否被忽略
DsrHolding	获取数据设置就绪(DSR)信号的状态
DtrEnable	获取或设置一个值，该值在串行通信过程中启用数据终端就绪(DTR)信号
Encoding	获取或设置传输前后文本转换的字节编码
Handshake	获取或设置串行端口数据传输的握手协议
IsOpen	获取一个值，该值指示 SerialPort 对象的打开或关闭状态

续表

名　称	说　明
NewLine	获取或设置用于解释 ReadLine()和 WriteLine()方法调用结束的值
Parity	获取或设置奇偶校验检查协议
ParityReplace	获取或设置一个字节,该字节在发生奇偶校验错误时替换数据流中的无效字节
PortName	获取或设置通信端口,包括但不限于所有可用的 COM 端口
ReadBufferSize	获取或设置 SerialPort 输入缓冲区的大小
ReadTimeout	获取或设置读取操作未完成时发生超时之前的毫秒数
ReceivedBytesThreshold	获取或设置 DataReceived 事件发生前内部输入缓冲区中的字节数
RtsEnable	获取或设置一个值,该值指示在串行通信中是否启用请求发送 (RTS)信号
StopBits	获取或设置每个字节的标准停止位数
WriteBufferSize	获取或设置串行端口输出缓冲区的大小
WriteTimeout	获取或设置写入操作未完成时发生超时之前的毫秒数

SerialPort 类的常用方法详见表 14.3。

表 14.3　SerialPort 类的常用方法

方法名称	说　明
Close	关闭端口连接,将 IsOpen 属性设置为 False,并释放内部 Stream 对象
Open	打开一个新的串行端口连接
Read	从 SerialPort 输入缓冲区中读取
ReadByte	从 SerialPort 输入缓冲区中同步读取一个字节
ReadChar	从 SerialPort 输入缓冲区中同步读取一个字符
ReadLine	一直读取到输入缓冲区中的 NewLine 值
ReadTo	一直读取到输入缓冲区中指定 Value 的字符串
Write	已重载,将数据写入串行端口输出缓冲区
WriteLine	将指定的字符串和 NewLine 值写入输出缓冲区

14.4　使用 SerialPort 类的方法

使用 SerialPort 类的方法有两种:一种是在程序中动态的声明与定义,另一种是使用 VS2010 C#工具箱中 SerialPort 控件。

14.4.1　程序定义

首先添加下列两个程序集:

```
    using System.IO;
    using System.IO.Ports;
```

1. 变量定义

在 Form 类的内部定义 SerialPort 类型的变量 comm，如：SerialPort comm;

2. 打开串口

串口经过下列几个步骤即可打开使用：

```
comm = new SerialPort();        //创建实例化对象
comm.BaudRate = 115200;         //串口波特率的设定
comm.PortName = "COM1";         //串口号的设置
comm.DataBits = 8;              //设置通信数据位的长度
comm.Open();                    //打开串口
```

打开串口时，分别用到了 comm 对象的属性和方法，VS2010 集成开发环境具有自动补齐的功能，无需我们准确记忆，输入 "." 后，会自动出现对象的属性和方法，直接进行选择即可，如图 14.7 所示。

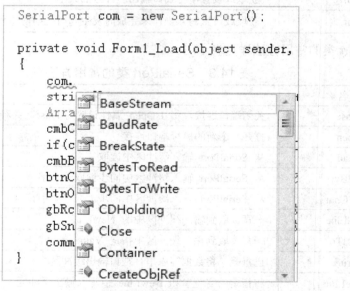

图 14.7　VS2010 的自动补齐功能

程序中我们仅对部分属性进行了设置，其他属性均采用默认值。具体的默认值可以通过读取属性获得。

3. 发送数据

首先定义一个 Byte 类型的数组，通信过程一般都是使用字节流进行传输的，然后调用 comm 对象的 Write 方法即可将数据通过串口发送出去。代码如下：

```
Byte[] TxData ={1,2,3,4,5,6,7,8 };    //定义 byte 类型数组
comm.Write(TxData, 0, 8);             //发送数据
```

SerialPort 对象的 Write 方法具有多态性，总共有 3 个函数模型，可以通过箭头进行浏览，如图 14.8 所示。在 VS2010 中，输入完左括号 "(" 即可自动出现多态函数，且每个函

数都显示出简要的解释，简化了程序的开发过程，如图 14.8～图 14.10 所示。

图 14.8　多态函数 Write 的样式 1

图 14.9　多态函数 Write 的样式 2

图 14.10　多态函数 Write 的样式 3

4．接收数据

1）定义接收事件

接收事件相当于中断事件，当串口一收到指定数量字节的数据后，自动执行函数，如 **OnDataReceived**。触发执行中断事件的字节数可以由程序设定，称为阈值。下面程序分别是指定执行的中断函数名称以及中断函数的定义，中断函数执行时，系统会临时新建一个线程，完毕后会释放该线程。

```
this.com.DataReceived += new
System.IO.Ports.SerialDataReceivedEventHandler(this.OnDataReceived);    //声明事件函数
private void OnDataReceived(object sender, SerialDataReceivedEventArgs e)
{；}//函数的定义
```

2）使用线程接收

打开串口的同时新建一个接收数据的线程，该线程时刻监听串口上的数据到达情况。运行窗体程序时，将启动一个 UI(用户界面)主线程，主要负责用户界面的显示和各控件的响应。从 SerialPort 对象接收数据时，当串口数据到达后，将引发 DataReceived 事件，同时创建一个辅助线程。OnDataReceived(object sender, SerialDataReceivedEventArgs e)函数是在辅助线程上执行的，不是 UI 线程。由于此事件在辅助线程而非主线程上引发，因此辅助线程若尝试修改主线程中的一些元素(如 Label、TextBox 对象的文本 Text)，则会引发线程异常。如果有必要修改主 Form 或 Control 中的元素，则必须使用 Invoke 回发更改请求，这将在 UI 线程上执行，进而将辅助线程中所读到的数据显示到主线程的 Form 控件上。

如果在 UI 线程中接收数据，接收的数据量比较大、耗时较长，就会导致程序假死，用户体验就是界面卡住、没有反应了。因此，接收数据必须新创建线程，不能使用主线程即 UI 线程。

14.4.2 使用 SerialPort 控件

我们可以通过工具箱中的控件直接实例化串口对象。

1．变量的定义

在"工具箱"的"组件"中选择 SerialPort 控件，然后将其拖拽到窗体里，本文直接使用自带的 SerialPort 控件并命名为 comm。

2．串口属性的设置

鼠标右击 comm 对象，选择"属性"，对图 14.11 中各属性值进行初始化设置。

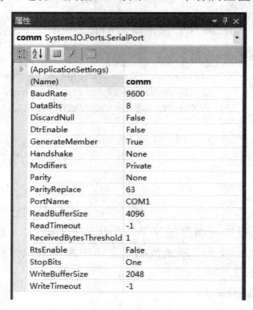

图 14.11　SerialPort 对象默认属性

在程序运行过程中，我们可以随时修改这些属性值。comm 对象的属性可以通过程序再配置，也可以使用图形化界面进行设置。

```
comm.PortName = "COM1";
comm.BaudRate = 9600;
comm.Open();
```

3．数据的发送

发送数据可以使用 Write 方法或者下面的方法：

```
String str="12345";
comm.WriteLine(str);
```

4．数据的接收

VS2010 C#中每个控件对象都有若干个响应的事件函数，用于处理具体的事件。如图

14.12 所示，Form 对象具有若干个事件，可以通过双击事件名称来定义该事件的具体执行内容。例如双击"Load"事件，编译器就定义一个 private void Form1_Load(object sender, EventArgs e)函数，来指定当窗体加载创建时要执行的任务。具体任务由用户实现，编译器自动关联事件与执行函数。函数的定义在 Form.cs 文件里。

　　串口实例对象 comm 的事件函数如图 14.13 所示。"DataReceived"事件用于处理串口 comm 接收到数据的响应，双击"DataReceived"将在 Form.cs 文件中自动生成 private void comm_DataReceived(object sender, SerialDataReceivedEventArgs e)函数，函数与事件的关联由编译器自动实现。comm 对象中属性"RceivedBytesThreshold"表示串口接收到几个字节的数据时才触发该函数的执行，默认值为 1。

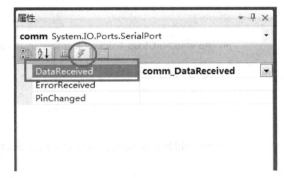

图 14.12　窗体对象的事件　　　　　　　　图 14.13　comm 对象的事件

　　分别双击窗体 Form1 的标题和控件 4、5、8、10，在 Form1.Designer.cs 文件中自动绑定该控件的响应函数，例如 this.btnOpen.Click += new System.EventHandler (this.btnOpen_Click)，表示单击按钮时，将会执行 btnOpen_Click 函数，同时在 Form1.cs 中定义该函数，函数的具体实现由程序员编写。各文件的组织关系如图 14.14 所示。

图 14.14　资源管理器

Form1.cs 文件控件的响应函数如下：

```
public Form1()
{
        InitializeComponent(); //系统自动生成，实现各控件的初始化
}

private void Form1_Load(object sender, EventArgs e) //窗体 1 加载时被调用
{

}

private void btnOpen_Click(object sender, EventArgs e) //鼠标单击 btnOpen 按钮时执行
{

}

private void btnClose_Click(object sender, EventArgs e) //鼠标单击 btnClose 按钮时执行
{

}

private void btnClr_Click(object sender, EventArgs e) //鼠标单击 btnClr 按钮时执行
{
}

private void btnSnd_Click(object sender, EventArgs e) //鼠标单击 btnSnd 按钮时执行
{

}

private void comm_DataReceived(object sender, SerialDataReceivedEventArgs e)
{ //串口接收到数据，启动的辅助线程执行该函数

}
```

波特率下拉菜单控件对象 cmbBaud 用于显示串口通信过程中常用的波特率值，例如 4800、9600、38400 等。选择"cmbBaud"控件对象，查看属性，单击"Items"项，在文本中输入显示的值。集合中的字符串每一行表示一个 Item，如图 14.15 所示。

图 14.15　添加 Items 集合的 Item

　　串口号下拉菜单控件对象 cmbCom 用于显示电脑中可用串口的列表，因此在窗体加载时，要搜索所有的可用串口并加载到 cmbCom 的 Items 项中。"string[] ports = SerialPort.GetPortNames();"得到电脑中的可用串口名称，然后再通过"cmbCom.Items. AddRange (ports);"将这些字符串数组添加到 cmbCom 中。

14.5　串口调试助手的功能及其实现

　　串口调试助手应具备如下的功能：

　　(1) 单击"打开串口"可按钮将相应的串口打开，单击"关闭"则将按钮就对应的串口关闭。

　　(2) 在发送数据区域输入文本，单击"发送"按钮，可将文本框中的字符串数据转换为字节流数据后通过串口发送出去。

　　(3) 当串口接收数据后，立即执行 DataReceived 函数，函数中延 100 ms，将所有字节流数据读出并转换为字符串，同时更新 UI 界面，将接收到的数据在接收数据区域显示。

　　程序代码如下：

```csharp
using System;
using System.Collections.Generic;
using System.ComponentModel;
using System.Data;
using System.Drawing;
using System.Linq;
using System.Text;
using System.Windows.Forms;
using System.IO.Ports;
using System.Threading;

namespace serial
{
    public partial class Form1 : Form
    {
        public Form1()
        {
            InitializeComponent();
        }
        int SndNum = 0;    //已发送的字节总数

        private void Form1_Load(object sender, EventArgs e)
        {
            string[] ports = SerialPort.GetPortNames(); //using System.IO.Ports，
                                                        //列出所有可用的串口
            Array.Sort(ports);
            cmbCom.Items.AddRange(ports);
            if(cmbCom.Items.Count>0) cmbCom.SelectedIndex = 0;
            cmbBaud.SelectedIndex = 0;
            btnClose.Enabled = false;        //使按钮无效
            btnOpen.Enabled = true;          //使按钮有效
            gbRcv.Enabled = false;           //使组控件无效
            gbSnd.Enabled = false;
            comm.ReceivedBytesThreshold = 1; //设置触发串口接收线程的字节数阈值
        }

        private void btnOpen_Click(object sender, EventArgs e)
        {
            if (cmbCom.Text == "") return;
```

```csharp
        comm.BaudRate = int.Parse(cmbBaud.Text);
        comm.PortName = cmbCom.Text;
        try
        {
            comm.Open();
            btnClose.Enabled = true;
            btnOpen.Enabled = false;
            gbRcv.Enabled = true;
            gbSnd.Enabled = true;
        }
        catch (Exception ex)
        {
            MessageBox.Show(ex.ToString());
        }
    }

    private void btnClose_Click(object sender, EventArgs e)
    {
        if (comm.IsOpen)
        {
            comm.Close();
            btnClose.Enabled = false;
            btnOpen.Enabled = true;
            gbRcv.Enabled = false;
            gbSnd.Enabled = false;
        }
    }

    private void btnClr_Click(object sender, EventArgs e)
    {
        txtRcv.Text = "";
        lbRcvNum.Text = "已接收 0 个字节";
    }

    private void btnSnd_Click(object sender, EventArgs e)
    {
        if (txtSnd.Text == "") return;
        byte[] buf;
        buf = Encoding.Default.GetBytes(txtSnd.Text);
```

```
        comm.Write(buf, 0, buf.Length);
        while (comm.BytesToWrite > 0) ;//等待串口数据发送完成
        SndNum += buf.Length;
        lbSndNum.Text = "已发送" + SndNum.ToString() + "个字节";
    }

    private void comm_DataReceived(object sender, SerialDataReceivedEventArgs e)
    { //串口接收新线程
        Thread.Sleep(100);
        int n = comm.BytesToRead;
        if (n < 1) return;
        byte[] rcv = new byte[n];
        comm.Read(rcv, 0, n);
        string str = Encoding.Default.GetString(rcv);
        this.BeginInvoke((EventHandler)(delegate //跨线程更新 UI 界面
        {
            txtRcv.AppendText(str);
            lbRcvNum.Text = "已接收" + txtRcv.Text.Length + "个字节";
        }));
    }
}
```

程序运行界面如图 14.16 所示。

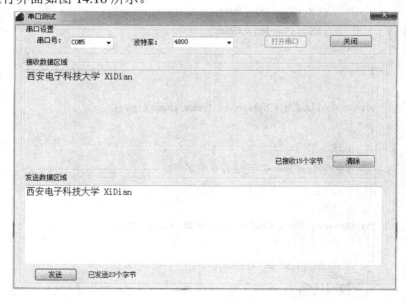

图 14.16　程序运行界面

14.6　跨线程更新 UI

Winform 编程中，跨线程直接更新 UI 控件的做法是不正确的，会时常出现"线程间操作无效：从不是创建控件的线程访问它"的异常。处理跨线程更新 Winform UI 控件常用的 3 种方法如下：

(1) 通过 UI 线程的 SynchronizationContext 的 Post/Send 方法更新。

(2) 通过 UI 控件的 Invoke/BegainInvoke 方法更新。

(3) 通过设置窗体属性，取消线程安全检查来避免"跨线程操作异常"(非线程安全，不建议使用)。

1. Post/Send 方法

通过 Post/Send 方法修改 UI 界面的步骤主要如下：

(1) 获取 UI 线程同步上下文(在窗体构造函数或 FormLoad 事件中)。

```
SynchronizationContext m_SyncContext = null;
public Form1()
{
        InitializeComponent();
        m_SyncContext = SynchronizationContext.Current; //获取 UI 线程同步上下文
}
```

(2) 在辅助线程里面声明更新 UI 线程的方法 SetTextSafePost。

```
private void comm_DataReceived(object sender, SerialDataReceivedEventArgs e)
    //串口接收线程
{
        Thread.Sleep(100);
        int n = comm.BytesToRead;
        if (n < 1) return;
        byte[] rcv = new byte[n];
    comm.Read(rcv, 0, n);
        string str = Encoding.Default.GetString(rcv);
        m_SyncContext.Post(SetTextSafePost, str);    //定义方法并传递参数 str
}
```

(3) 定义更新 UI 控件的方法。

```
private void SetTextSafePost(object str)
{
        txtRcv.AppendText(str.ToString());
        lbRcvNum.Text = "已接收到" + txtRcv.Text.Length.ToString() + "个字节";
}
```

　　该方法的主要原理是：在线程执行过程中，需要更新到 UI 控件上的数据不再直接更新，而是通过 UI 线程上下文的 Post/Send 方法，将数据以异步/同步消息的形式发送到 UI 线程的消息队列中；UI 线程收到该消息后，根据消息是异步消息还是同步消息来决定通过异步还是同步的方式调用 SetTextSafePost 方法直接更新自己的控件。在本质上，向 UI 线程发送的消息并是不简单数据，而是一条委托调用命令。

2．Invoke/BeginInvoke 方法

通过 UI 控件的 Invoke/BeginInvoke 方法更新 UI 得步骤如下：

(1) 定义委托类型。

```
// 定义 text 更新界面控件的委托类型
delegate void SetTextCallback(string text);
```

(2) 在辅助线程里面声明更新 UI 线程的方法 SetText。

```
private void comm_DataReceived(object sender, SerialDataReceivedEventArgs e) //串口接
收线程
        {
                Thread.Sleep(100);
                int n = comm.BytesToRead;
                if (n < 1) return;
                byte[] rcv = new byte[n];
                comm.Read(rcv, 0, n);
                string str = Encoding.Default.GetString(rcv);
                SetText(str);//更新 UI
        }
```

(3) 定义更新 UI 控件的方法。

```
    private void SetText(string str)
    {
        if (this.txtRcv.InvokeRequired)//如果调用控件的线程和创建创建控件的线程不是同一个
则为 True
        {
            while (!this.txtRcv.IsHandleCreated)
            {
                //解决窗关闭时出现访问已释放句柄的异常
                if (this.txtRcv.Disposing || this.txtRcv.IsDisposed)
                    return;
            }
            SetTextCallback d = new SetTextCallback(SetText);
            txtRcv.Invoke(d, new object[] { str });
        }
        else
        {
```

```
            txtRcv.AppendText(str);
            lbRcvNum.Text = "已接收到" + txtRcv.Text.Length.ToString() + "个字节";
        }
    }
```

这是目前跨线程更新 UI 的主流方法，使用控件的 Invoke/BeginInvoke 方法，将委托转到 UI 线程上调用，从而实现线程的安全更新。该方法的原理与 Post/Send 方法类似，本质上还是把线程中要提交的消息，通过控件句柄调用委托交到 UI 线程中去处理。

3．取消安全检查

通过设置窗体属性，将 Control 类的静态属性 CheckForIllegalCrossThreadCalls 设置为"false"，可用来取消线程安全检查来避免"线程间操作无效异常"(非线程安全，建议不使用)。

```
public Form1()
{
        InitializeComponent();
        Control.CheckForIllegalCrossThreadCalls = false; //指定不再捕获对错误线程的调用
}
```

这样，在辅助线程中就可以直接更新 UI 主线程创建的控件了。

```
private void comm_DataReceived(object sender, SerialDataReceivedEventArgs e) //
{
        Thread.Sleep(100);
        int n = comm.BytesToRead;
        if (n < 1) return;
        byte[] rcv = new byte[n];
        comm.Read(rcv, 0, n);
        string str = Encoding.Default.GetString(rcv);
        txtRcv.AppendText(str); //直接更新 UI 界面元素
        lbRcvNum.Text = "已接收" + txtRcv.Text.Length.ToString() + "个字节";
}
```

上述三种方法中，前两种方法是线程安全的，可在实际项目中因地制宜地使用，最后一种方法是非线程安全的，不建议使用。

参 考 文 献

[1]　宏晶 STC 官方数据手册，http://www.stcmcu.com/datasheet/stc/STC-AD-PDF/STC12C5A60S2.pdf

[2]　谭浩强. C 语言程序设计. 4 版. 北京：清华大学出版社，2012.

[3]　王长青，韩海玲. C 语言开发从入门到精通. 北京：人民邮电出版社，2016.

[4]　童诗白，华成英. 模拟电子技术基础. 4 版. 北京：高等教育出版社，2011.

[5]　孙肖子，张企民. 模拟电子电路及技术基础. 西安：西安电子科技大学出版社，2008.

[6]　龚尚福，贾澎涛. C/C++ 语言程序设计. 西安：西安电子科技大学出版社，2012.

[7]　杨欣，莱·诺克斯. 王玉凤，等. 电子设计从零开始. 2 版. 北京：清华大学出版社，
　　 2010.

[8]　孙肖子，邓建国，陈南，等. 电子设计指南. 北京：高等教育出版社，2006.

[9]　郭天祥. 新概念 51 单片机 C 语言教程－入门提高开发拓展全攻略. 北京：中国水利水
　　 电出版社，2009.

[10]　汤小丹. 计算机操作系统. 4 版. 西安：西安电子科技大学出版社，2014.

[11]　徐爱钧，徐阳. Keil C51 单片机高级语言应用编程与实践. 北京：电子工业出版社，
　　　2013.

[12]　傅丰林，陈健. 低频电子线路. 北京：高等教育出版社，2008.

[13]　张志良. 80C51 单片机实用教程 基于 Keil C 和 Proteus. 北京：高等教育出版社，2016.

[14]　汤嘉立，郭后川. 51 单片机 C 语言轻松入门. 北京：电子工业出版社，2016.

[15]　徐爱钧. STC15 增强型 8051 单片机 C 语言编程与应用. 北京：电子工业出版社，2014.

[16]　明日科技. C# 从入门到精通. 北京：清华大学出版社，2012.

[17]　[英]John Sharp. Visual C# 从入门到精通. 8 版. 周靖，译. 北京：清华大学出版社，2016.

[18]　姬龙涛，李亚汝. Visual C# 程序设计. 北京：清华大学出版社，2015.